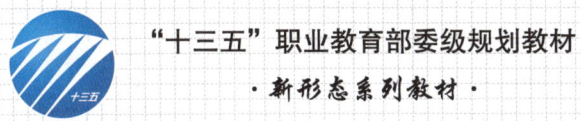

"十三五"职业教育部委级规划教材
·新形态系列教材·

NIUZAI FUZHUANG SHEJI
SHIXUN JIAOCHENG

牛仔服装设计实训教程
—— CorelDRAW X4

廖晓红　甘萍　肖向阳◎著

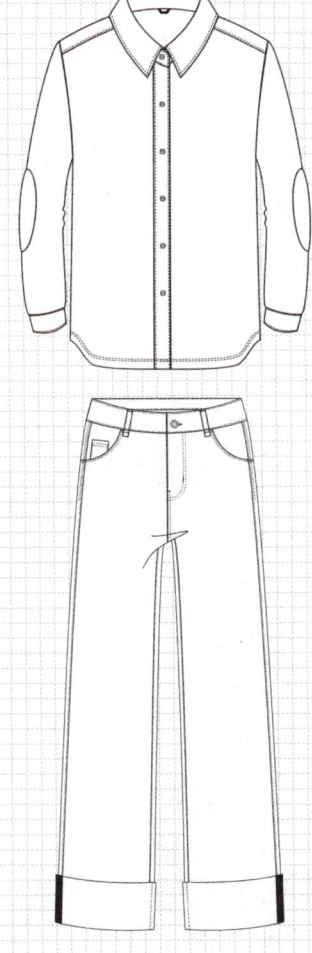

中国纺织出版社有限公司

内 容 提 要

本书主要侧重牛仔服装设计方向，通过企业工作岗位实例分析，结合市场常见面料、辅料、服饰配件、服装款式进行全面分析讲解，每个知识点都以任务的形式呈现，紧密贴合企业需求，本书中精心录制了与任务配套的视频41个，可操作性强，教学内容由浅入深，可逐步引导不同起点的读者迅速提高服装设计水平。

本书可作为中等职业学校服装设计与工艺专业的教材，也可供服装院校的师生、服装设计师、相关从业人员以及社会短期培训班使用。

图书在版编目（CIP）数据

牛仔服装设计实训教程：CorelDRAW X4 / 廖晓红，甘萍，肖向阳著 . -- 北京：中国纺织出版社有限公司，2021.8
"十三五"职业教育部委级规划教材
ISBN 978-7-5180-8632-0

Ⅰ. ①牛… Ⅱ. ①廖… ②甘… ③肖… Ⅲ. ①牛仔服装—服装设计—教材 Ⅳ. ①TS941.714

中国版本图书馆 CIP 数据核字（2021）第 110352 号

责任编辑：孔会云　　责任校对：江思飞　　责任印制：何　建

中国纺织出版社有限公司出版发行
地址：北京市朝阳区百子湾东里 A407 号楼　邮政编码：100124
销售电话：010—67004422　传真：010—87155801
http://www.c-textilep.com
中国纺织出版社天猫旗舰店
官方微博 http://weibo.com/2119887771
天津千鹤文化传播有限公司印刷　各地新华书店经销
2021 年 8 月第 1 版第 1 次印刷
开本：787×1092　1/16　印张：11.25
字数：161 千字　定价：56.00 元

凡购本书，如有缺页、倒页、脱页，由本社图书营销中心调换

前　言

本书是"十三五"职业教育部委级规划教材，依据《中等职业学校服装设计与工艺专业教学标准》，结合服装行业标准、广东省佛山市顺德区国家教育体制改革成果试点丛书"现代职业教育改革新起点：顺德区中等职业教育专业标准体系建设调研报告/职业能力分析"中的《服装设计与工艺专业（牛仔服装方向）》和中国牛仔服装生产基地的企业对牛仔服装电脑设计的需要进行编写。

目前，我国职业教育正处在改革与快速发展时期。在近三十年的职业教育中，我国职业教育发挥了巨大作用，同时也存在一些问题。随着我国经济建设步伐的加快，对技能型人才的需求量将越来越大。当前我国中职学校开设以牛仔服装特色专业为主的学校较少，因此牛仔服装方面的教材比较缺乏，且涉及牛仔服装的书籍与企业生产紧密联系的内容很少，只在设计、结构或工艺中出现一小节的内容，涉及牛仔服装电脑设计的书籍则更少，在教学中很难找到与企业精准对接的牛仔服装特色教材。鉴于此，作者依托佛山市顺德区"廖晓红教师工作室"平台，与企业技术人员共同编写牛仔服装专业课程体系改革成果丛书，将牛仔服装企业的技术及经验融入教材和实训教学中，在教学过程中充分体现，并使学生掌握与接受，学生可以零距离接触企业的各个生产环节，让学生真正实现"跟上时代步伐""提高实际操作能力"，同时也提高了服装专业毕业生的就业竞争力，进而使中职学校结合地方特色培养服装专业特色人才，真正符合当地企业的需求，适应未来的发展趋势。

本书主要内容包括 CorelDRAW X4 基础模块、CorelDRAW X4 企业实践模块、CorelDRAW X4 牛仔服装设计综合运用模块三大模块五个项目，项目内容包括 CorelDRAW X4 基础知识、牛仔服装辅料的表现技法、牛仔服装面料洗水效果的表现技法、牛仔服饰配件的表现技法和牛仔服装款式图的表现技法。本书绘图方法科学实用、易于学习与掌握，教学内容由浅入深，逐步引导不同起点的读者掌握软件绘制表现技法。本教材实现了以下五个创新。

（1）与牛仔服装企业实际生产接轨，结合市场常见面料、辅料、服饰配件、服装款式进行全面分析讲解，每个知识点都以任务的形式呈现，紧密贴合企业需求，理论与实践相结合，完全按照牛仔服装企业设计部门实际工作岗位需求进行编写。

（2）教材由学校骨干教师和企业专业技术人员共同编写，以企业实际案例为主，并配制绘图步骤，图文并茂，通俗易懂，简单易操作、实用性强。

（3）结合区域特色产业——牛仔服装产业编写（佛山市顺德区均安镇以牛仔服装为主导产业，是广东省的牛仔服装产业集群，同时也是"中国牛仔服装名镇"），是佛山市顺德区"廖晓红教师工作室"牛仔服装专业课程体系改革成果之一。

（4）用思维导图呈现任务脉络，每个模块的任务通过思维导图的形式呈现，有助于学生直观理解、掌握项目知识脉络和学习目标。

（5）教材中精心录制了与任务配套的视频41个，直观而清晰，学生扫描书中相应位置的二维码即可观看，可以有效地支撑院校开展线上教学，帮助学生提高自学效果，视频能帮助教师实现翻转课堂的教学模式，帮助学生更好地进行课前预习、课后复习。

教材的项目一、项目三由甘萍编写，项目二由肖向阳编写，项目四、项目五由廖晓红编写，全书由廖晓红统稿、审稿。

本书在编写过程中得到了华南农业大学艺术学院院长金憓、广东职业技术学院服装系主任王家馨以及佛山市顺德区纺织服装协会、佛山市顺德区力高制衣有限公司、佛山市智域服装设计有限公司等企业的大力支持和帮助，在此表示衷心的感谢。感谢中国纺织出版社有限公司孔会云女士给本书提出的宝贵意见和建议。

由于编者水平有限，书中疏漏之处在所难免，敬请各位服装界的同仁给予批评和指导，读者反馈意见请发至邮箱1585180614@qq.com。

本教材建议87学时，教学安排可参考以下学时分配建议表。

学时分配建议表

模块	项目内容	学时数			
		讲授	实践	机动	合计
CorelDRAW X4 基础模块	CorelDRAW X4 基础知识	4	3		7
CorelDRAW X4 企业实践模块	牛仔服装辅料的表现技法	6	10		16
	牛仔服装面料的表现技法	5	10		15
	牛仔服饰配件的表现技法	10	18		28
CorelDRAW X4 牛仔服装设计综合运用模块	牛仔服装款式图的表现技法	5	10		15
机动				6	6
总计		30	51	6	87

廖晓红
2021 年 3 月

目 录

| 模块一 | CorelDRAW X4 基础模块 | 1 |

项目一　CorelDRAW X4 基础知识　2
　　任务一　认识 CorelDRAW X4　3
　　任务二　CorelDRAW X4 的基本操作界面　3
　　任务三　CorelDRAW X4 的工具箱　5
　　任务四　CorelDRAW X4 常用的快捷键　7

| 模块二 | CorelDRAW X4 企业实践模块 | 13 |

项目二　牛仔服装辅料的表现技法　14
　　任务一　星空图案的绘制　15
　　任务二　动物印花图案的绘制　17
　　任务三　胶章图案的绘制　22
　　任务四　蕾丝图案的绘制　25
　　任务五　烫钻图案的绘制　28
　　任务六　绣花图案的绘制　36
　　任务七　单独纹样的绘制　42
　　任务八　方形适合纹样的绘制　46
　　任务九　二方连续纹样的绘制　50
　　任务十　四方连续纹样的绘制　55

项目三　牛仔服装面料的表现技法　59
　　任务一　猫须牛仔服装面料的绘制　60
　　任务二　破坏洗牛仔服装面料的绘制　63
　　任务三　普洗+喷砂牛仔服装面料的绘制　67

　　　　任务四　雪花洗牛仔服装面料的绘制 …………………………………… 69

项目四　牛仔服饰配件的表现技法 ……………………………………………… 73
　　　　任务一　牛仔服饰配件皮牌的绘制 …………………………………… 74
　　　　任务二　蓝色牛仔水洗唛的绘制 ……………………………………… 77
　　　　任务三　牛仔吊粒的绘制 ……………………………………………… 81
　　　　任务四　葫芦扣的绘制 ………………………………………………… 85
　　　　任务五　牛仔金属纽扣的绘制 ………………………………………… 89
　　　　任务六　纽扣的绘制 …………………………………………………… 93
　　　　任务七　撞钉的绘制 …………………………………………………… 95
　　　　任务八　拉链的绘制 …………………………………………………… 100
　　　　任务九　拉链扣的绘制 ………………………………………………… 103
　　　　任务十　皮带扣的绘制 ………………………………………………… 106
　　　　任务十一　爪珠扣的绘制 ……………………………………………… 110
　　　　任务十二　牛仔耳环的绘制 …………………………………………… 114
　　　　任务十三　牛仔包的绘制 ……………………………………………… 120
　　　　任务十四　牛仔棒球帽的绘制 ………………………………………… 126

模块三　CorelDRAW X4牛仔服装设计综合运用模块 ……………………… 131

项目五　牛仔服装款式图的表现技法 …………………………………………… 132
　　　　任务一　设计制单的绘制 ……………………………………………… 133
　　　　任务二　牛仔鱼尾裙的绘制 …………………………………………… 139
　　　　任务三　牛仔连衣裙的绘制 …………………………………………… 148
　　　　任务四　牛仔衬衫的绘制 ……………………………………………… 157
　　　　任务五　牛仔直筒裤的绘制 …………………………………………… 165

参考文献 ………………………………………………………………………… 174

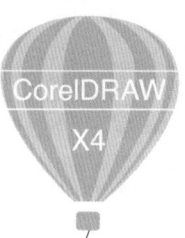

模块一

CorelDRAW X4
基础模块

项目一　CorelDRAW X4 基础知识

◎ 项目概述

CorelDRAW X4 是一款矢量图软件，是目前内容较丰富、功能最强大的绘图软件之一。用它可以完成服装效果图、款式图、服装打板、排版设计和服饰图案以及辅料的设计等，它不仅是编辑、润饰和增强图片效果的最佳软件之一，也是直观的矢量插图和页面布局设计软件，以其强大的绘图功能、便捷的操作、简单明晰的界面风格、灵活的兼容特性，深受广大设计人员的喜好。

本项目根据任务要求，介绍 CorelDRAW X4 的工作界面、相关功能和快捷键的使用方法，使学生掌握 CorelDRAW X4 工作界面上工具的基本操作，通过对软件基本操作方法的掌握，初步了解 CorelDRAW X4 软件的功能。

◎ 思维导图

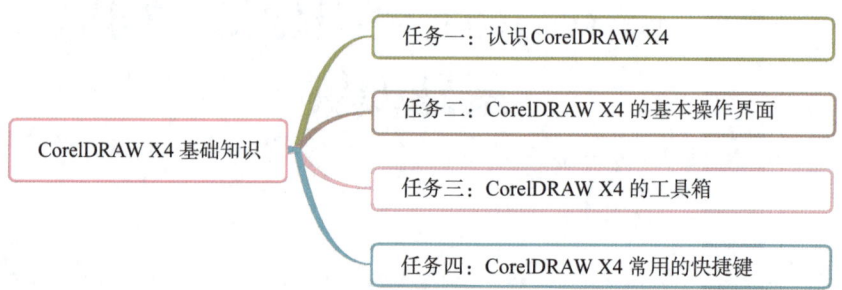

◎ 学习目标

学习目标		
	知识目标	1. 了解 CorelDRAW X4 的基本界面 2. 了解 CorelDRAW X4 工具箱的使用 3. 初步掌握 CorelDRAW X4 的快捷键 4. 初步掌握 CorelDRAW X4 软件基本操作
	技能目标	1. 学会 CorelDRAW X4 工具箱的使用方法 2. 能记住 CorelDRAW X4 的快捷键 3. 会使用 CorelDRAW X4 软件的基本操作
	情感目标	1. 通过对 CorelDRAW X4 软件基础理论知识的了解，培养学生对专业技能的热爱 2. 通过 CorelDRAW X4 软件与专业技能的结合，培养提升审美能力，培养团结协作意识 3. 通过 CorelDRAW X4 软件的学习，培养学生遵守职业道德、尊重知识产权意识

任务一　　认识 CorelDRAW X4

　　CorelDRAW X4 是由加拿大 Corel 公司于 1987 年 9 月研发的矢量绘图软件，在加拿大渥太华诞生了 CorelDRAW X4 1.0 版本，陆续升级到目前的 CorelDRAW X4 14.0 版本，本书采用的是 CorelDRAW X4 版本。启动窗口如图 1-1-1 所示。

图 1-1-1　CorelDRAW X4 启动窗口

任务二　　CorelDRAW X4 的基本操作界面

1. 启动程序

　　在桌面上单击【开始】→【程序】→【CorelDRAW X4 命令】，或者双击【CorelDRAW X4 软件】图标，启动 CorelDRAW X4 软件，即显示欢迎屏幕页面，如图 1-2-1 所示。

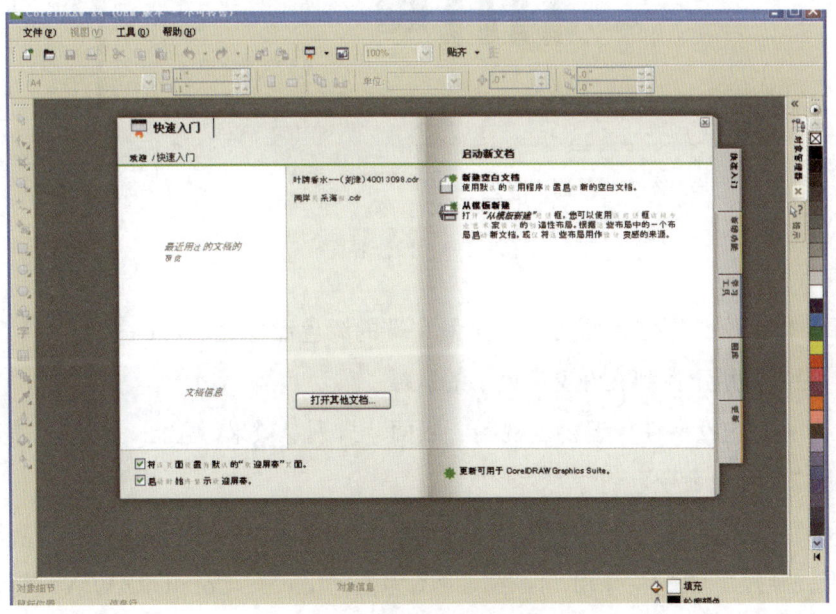

图 1-2-1　欢迎屏幕页面

2. CorelDRAW X4 的退出

退出 CorelDRAW X4 的方法有以下几种：

（1）单击 CorelDRAW X4 工作界面右上角 【关闭】按钮，此时若用户的文件没有保存好，程序会弹出一个对话框，如图 1-2-2 所示，提示用户是否保存，若用户的文件已保存过，则程序会直接关闭。

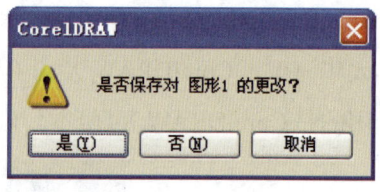

图 1-2-2　提示

（2）选择【文件】→【退出或关闭】命令。

（3）按 Alt+F4 组合键。

温馨提示：如果编辑的文件没有保存，用户进行关闭操作后将打开如图 1-2-2 所示的保存询问对话框，单击 是(Y) 按钮将保存文件并退出 CorelDRAW X4；单击 否(N) 按钮将不保存文件并退出 CorelDRAW X4；单击 取消 按钮，将放弃退出软件操作，可继续对图形进行编辑。

3. 操作界面

CorelDRAW X4 操作界面设计简洁、使用方便、极具人性化，如图 1-2-3 所示。

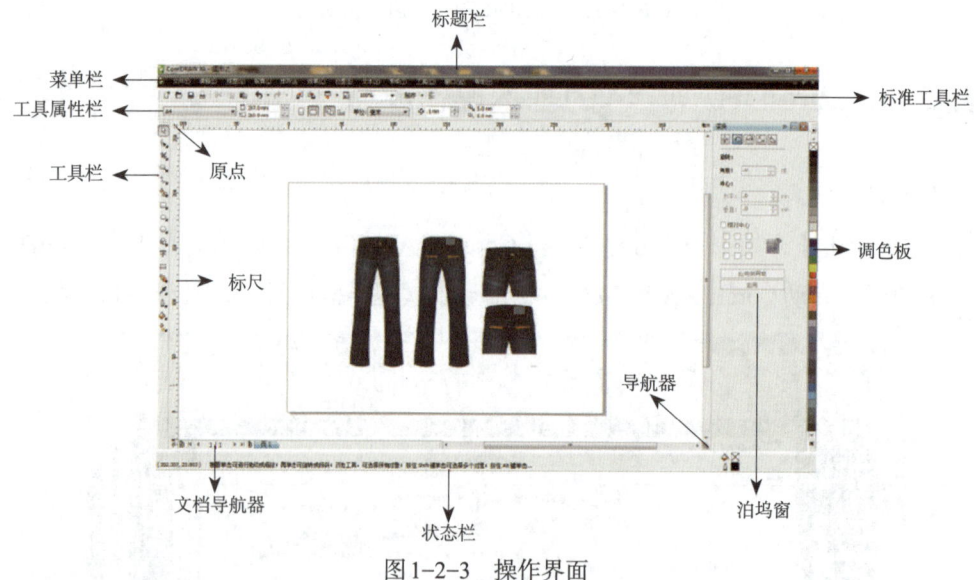

图 1-2-3　操作界面

（1）标题栏：位于操作界面的顶部。最左端的绿色图标是软件的标志，其后为运行软件的名字，最右侧用于控制文件窗口大小的区域。

（2）菜单栏：包括文件、编辑、视图、版面、排列、效果、位图、文本、表格、工具、窗口和帮助 12 个菜单命令。

（3）标准工具栏：从左到右有依次为新建、打开、保存、打印、剪切、复制、粘贴、撤销、重用、导入（位图）、导出（保存矢量图为位图格式）、CorelDRAW X4 其他程序的启动、欢迎窗口、页面的显示比例、贴齐选项。

(4)工具属性栏:与工具箱里选定的工具对应出现变化,根据不同的操作显示或者修改所选中物体在所选工具中的属性。

(5)工具箱:一般位于窗口的最左侧,其中放置了绘图常用的编辑工具,并且将功能相似的工具归纳组合在一起,操作起来非常方便。

(6)泊坞窗:CorelDRAW X4包含多种泊坞窗,是CorelDRAW X4的一大特色,也是包含与特定工具或任务相关的可用命令和设置的窗口。

(7)调色板:位于工作窗口右侧,在色块上单击左键可设定图形的填充色(要保证该对象必须是闭合路径),单击右键则设置轮廓线颜色(在默认状态下CorelDRAW X4绘制的线条轮廓线为黑色)。

(8)状态栏:在默认状态下位于窗口的底部,主要显示光标的位置、所选对象的大小、填充情况、轮廓线粗细等状态信息。

(9)文档导航器:应用程序窗口左下方的区域,具有处理多页文件的功能,可以在一个文件内建立多个页面,翻页时可以借助页面标签来切换工作页面。

(10)导航器:右下角的按钮,可打开一个较小的显示窗口,帮助操作者在绘图上进行移动操作。

(11)工作区:工作时可显示的空间,当显示内容较多或进行多窗口显示时,可以通过滚动条进行调节,从而达到最佳效果。

(12)标尺:可以帮助用户准确地绘制、对齐和缩放对象。

(13)原点:在标尺的横向和纵向左上角交会处" ",可以设置工作区的原点(坐标的0点),在默认情况下坐标的原点在绘图页面的左下角,实际运用时很不方便,将光标放在原点上拖拉到适合的位置后释放,即可得到新的原点位置,如图1-2-4所示。

图1-2-4 原点

任务三　CorelDRAW X4的工具箱

在桌面上单击【开始】→【程序】→【CorelDRAW X4】,即可打开CorelDRAW X4的应用程序。CorelDRAW X4的绘图工具与操作环境经过以前各个版本的不断优化与升级,规划得比较整洁有序,操作界面与大多数Windows操作系统相似,操作者在很短的时间内就可以熟悉它的【工具栏】、【面板】、【菜单栏】,并能轻松进入CorelDRAW X4的艺术殿堂。在Windows XP中运行CorelDRAW X4时的工具箱操作界面如图1-3-1所示。

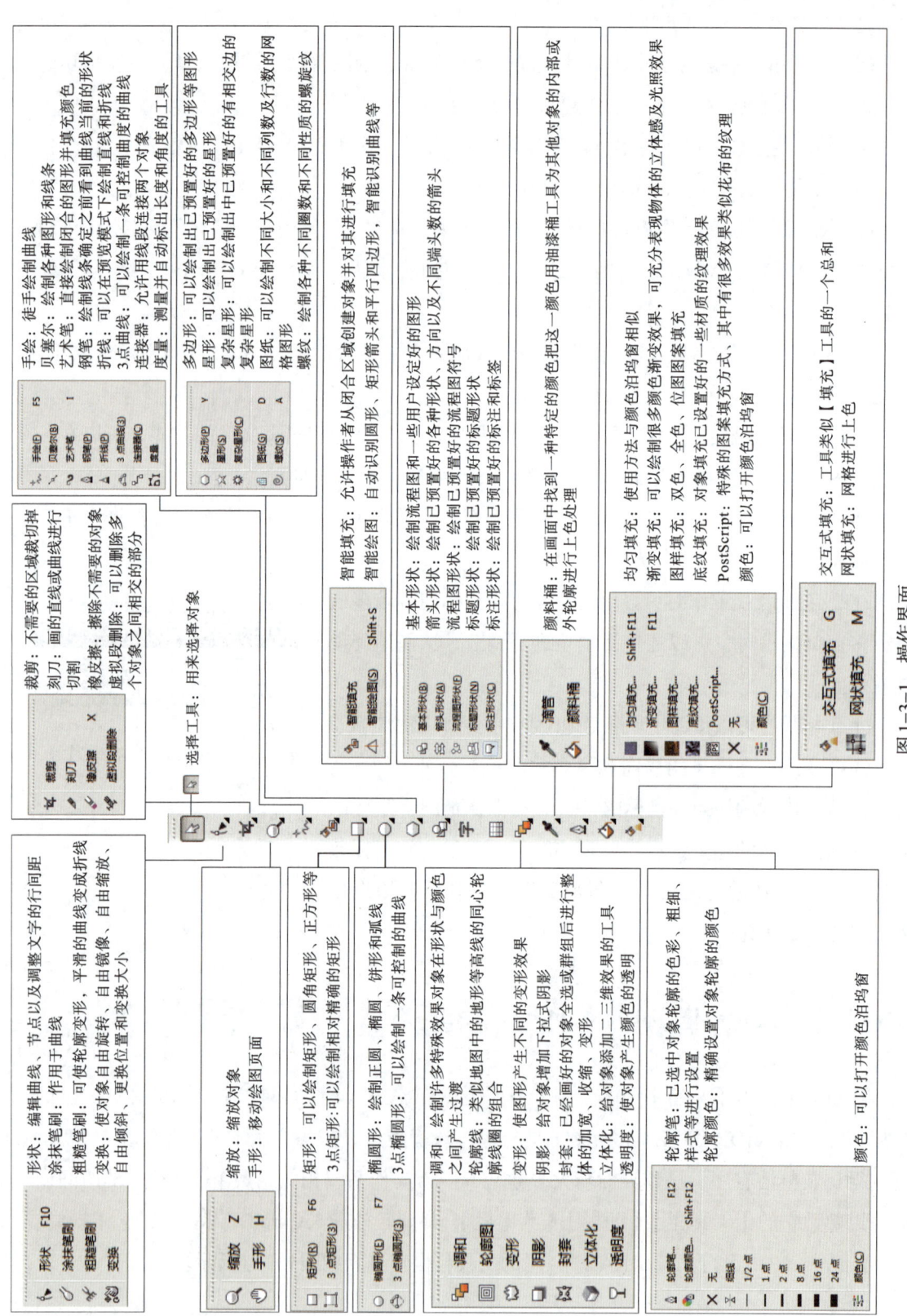

图1-3-1 操作界面

任务四　　CorelDRAW X4 常用的快捷键

(1)【F1】：帮助信息。

(2)【F2】：放大。

(3)【F3】：缩小。

(4)【F4】：使画面所有对象置于窗口中。

(5)【F5】：手绘（Freehand）工具。

(6)【F6】：矩形（Rectangle）工具。

(7)【F7】：椭圆（Ellipse）工具。

(8)【F8】：美术字（Artistic Text）工具。

(9)【F9】：在全屏预览与编辑模式间切换。

(10)【F10】：形状（Shape）工具。

(11)【F11】：渐变填充（Fountain Fill）工具。

(12)【F12】：轮廓笔（Outline Pen）工具。

(13)【Ctrl】+【F2】：视图管理器（View Manager）卷帘窗。

(14)【Ctrl】+【F3】：符号（Symblo）卷帘窗。

(15)【Ctrl】+【F5】：样式（Styles）卷帘窗。

(16)【Ctrl】+【F7】：封套（Envelope）卷帘窗。

(17)【Ctrl】+【F8】：PowerLine 卷帘窗。

(18)【Ctrl】+【F9】：轮廓图（Contour）卷帘窗。

(19)【Ctrl】+【F10】：节点编辑（Node Edit）卷帘窗。

(20)【Ctrl】+【F11】：图层（Layers）卷帘窗。

(21)【Ctrl】+【A】：对齐和分布（Alignand Distribute）卷帘窗。

(22)【Ctrl】+【B】：混成（Blend）卷帘窗。

(23)【Ctrl】+【C】：拷贝到剪贴板。

(24)【Ctrl】+【D】：复制对象。

(25)【Ctrl】+【E】：立体化（Extrude）卷帘窗。

(26)【Ctrl】+【F】：使文本嵌合路径（Fit Text to Path）卷帘窗。

(27)【Ctrl】+【G】：组合对象。

(28)【Ctrl】+【J】：选项（Options）对话框。

(29)【Ctrl】+【K】：将连在一起的对象断开。

(30)【Ctrl】+【L】：联合对象。

(31)【Ctrl】+【PgUp】：向前移动。

(32)【Ctrl】+【PgDn】：向后移动。

(33)【排列(A)】【Ctrl】+【Q】：将对象转化成曲线。

(34)【编辑(E)】【Ctrl】+【R】：重复上次命令。

(35)【文件(F)】【Ctrl】+【S】：保存。

(36)【Ctrl】+【Spacebar】：选取（Pick）工具。

(37)【编辑(E)】【Ctrl】+【T】：编辑文字（Edit Text）对话框。

(38)【排列(A)】【Ctrl】+【U】：解除对象组合。

(39)【编辑(E)】【Ctrl】+【V】：粘贴。

(40)【编辑(E)】【Ctrl】+【Z】：执行撤销（Undo）操作。

(41)【Shift】+【F8】：段落文本（Paragraph Text）工具。

(42)【Shift】+【F9】：在 Full-Color 和 Wire Frame 模式间切换。

(43)【Shift】+【F11】：标准填充（UniFORM Fill）对话框。

(44)【Shift】+【F12】：轮廓色（OutlineColor）对话框。

(45)【排列(A)】【Shift】+【PgUp】：将对象放在前面。

(46)【排列(A)】【Shift】+【PgDn】：将对象放在后面。

(47)【Alt】+【F2】：线性尺度（Linear Dimensions）卷帘窗。

(48)【效果(C)】【Alt】+【F3】：透镜（Lens）卷帘窗。

(49)【文件(F)】【Alt】+【F4】：退出。

(50)【Alt】+【F5】：预设（Presets）卷帘窗。

(51)【排列(A)】【Alt】+【F7】：位置（Position）卷帘窗。

(52)【排列(A)】【Alt】+【F8】：旋转（Rotate）卷帘窗。

(53)【排列(A)】【Alt】+【F9】：比例和镜像（Scale & Mirror）卷帘窗。

(54)【排列(A)】【Alt】+【F10】：大小（Size）卷帘窗。

(55)【工具(O)】【Alt】+【F11】：宏编辑器。

(56)【Shift】+【Tab】：按绘图顺序选择对象。

(57)【Del】：删掉一个选中的对象或节点。

(58)【+】：在移动、拉伸、映射、旋转或缩放一个对象时留下原来的那个对象，同时在被选中对象的后面产生另一个复制对象。

(59) 画椭圆或矩形时按【Ctrl】：绘一个正圆或正方形。

(60) 画椭圆或矩形时按【Shift】：按比例缩放。

(61) 移动时按【Ctrl】：限制为水平或垂直方向移动。

(62) 转动或倾斜时按【Ctrl】：限制移动增量为15%（缺省值）。

(63) 拉伸、缩放时按【Ctrl】：限制移动增量为100%。

(64) 画图时按【Shift】：当鼠标沿曲线往回走时擦除以前的部分。

(65) 拖动一个对象的同时单击鼠标【右键】：留下原对象。

(66)在页边双击鼠标：页面设置（Page Setup）对话框。

(67)在标尺上双击鼠标：网格与标尺设置（Grid and Ruler Setup）对话框。

(68)【N】：显示导航窗口（Navigator window）。

(69)【Alt】+【F11】：运行 Visual Basic 应用程序的编辑器。

(70)【Ctrl】+【S】：保存当前的图形。

(71)【Ctrl】+【Shift】+【T】：打开编辑文本对话框。

(72)【X】：擦除图形的一部分或将一个对象分为两个封闭路径。

(73)【Ctrl】+【Z】：撤销上一次的操作。

(74)【Alt】+【Backspase】：撤销上一次的操作。

(75)【Shift】+【A】：垂直定距对齐选择对象的中心。

(76)【Shift】+【C】：垂直分散对齐选择对象的中心。

(77)【C】：垂直对齐选择对象的中心。

(78)【Ctrl】+【.】：将文本更改为垂直排布（切换式）。

(79)【Ctrl】+【O】：打开一个已有的绘图文档。

(80)【Ctrl】+【P】：打印当前的图形。

(81)【Alt】+【F10】：打开大小工具卷帘。

(82)【F2】：运行缩放动作然后返回前一个工具。

(83)【Z】：运行缩放动作然后返回前一个工具。

(84)【Ctrl】+【E】：导出文本或对象到另一种格式。

(85)【Ctrl】+【I】：导入文本或对象。

(86)【Shift】+【B】：发送选择的对象到后面。

(87)【Shift】+【PageDown】：将选择的对象放置到后面。

(88)【Shift】+【T】：发送选择的对象到前面。

(89)【Shift】+【PageUp】：将选择的对象放置到前面。

(90)【Shift】+【R】：发送选择的对象到右面。

(91)【Shift】+【L】：发送选择的对象到左面。

(92)【Alt】+【F12】：将文本对齐基线。

(93)【Ctrl】+【Y】：将对象与网格对齐（切换）。

(94)【P】：对齐选择对象的中心到页中心。

(95)【Y】：绘制对称多边形。

(96)【Ctrl】+【K】：拆分选择的对象。

(97)【Shift】+【P】：将选择的对象分散对齐舞台水平中心。

(98)【Shift】+【E】：将选择的对象分散对齐页面水平中心。

(99)【Ctrl】+【F7】：打开封套工具卷帘。

(100)【Ctrl】+【F11】：打开符号和特殊字符工具卷帘。

(101)【Ctrl】+【C】：复制选定的项目到剪贴板。

(102) 复制选定的项目到剪贴板：【Ctrl】+【Ins】。

(103)【Ctrl】+【T】：设置文本属性的格式。

(104)【Ctrl】+【Shift】+【Z】：恢复上一次的撤销操作。

(105)【Ctrl】+【X】：剪切选定对象并将它放置在剪贴板中。

(106)【Shift】+【Del】：删除选定对象并将它放置在剪贴板中。

(107)【Ctrl】+小键盘【2】：将字体大小减小为上一个字体大小设置。

(108)【F11】：将渐变填充应用到对象。

(109)【Ctrl】+【L】：结合选择的对象。

(110) 绘制矩形：双击该工具便可创建页框【F6】。

(111)【F12】：打开轮廓笔对话框。

(112)【Ctrl】+【F9】：打开轮廓图工具卷帘。

(113) 绘制螺旋形：双击该工具打开【选项】对话框的【工具框】标签【A】。

(114)【Ctrl】+【F12】：启动拼写检查器，检查选定文本的拼写。

(115)【Ctrl】+【Space】：在当前工具和挑选工具之间切换。

(116)【Ctrl】+【U】：取消选择对象或对象群组所组成的群组。

(117)【F9】：显示绘图的全屏预览。

(118)【Ctrl】+【G】：将选择的对象组成群组。

(119)【Delete】：删除选定的对象。

(120)【T】：将选择对象上对齐。

(121)【Ctrl】+小键盘【4】：将字体大小减小为字体大小列表中上一个可用设置。

(122)【PageUp】：转到上一页。

(123)【Alt】+【↑】：将镜头相对于绘画上移。

(124)【Ctrl】+【Backspase】：生成属性栏并对准可被标记的第一个可视项。

(125)【Ctrl】+【F2】：打开视图管理器工具卷帘。

(126)【Shift】+【F9】：在最近使用的两种视图质量间进行切换。

(127)【F5】：用手绘模式绘制线条和曲线。

(128)【H】：使用该工具通过单击及拖动来平移绘图。

(129)【Alt】+【Backspase】：按当前选项或工具显示对象或工具的属性。

(130)【Ctrl】+【W】：刷新当前的绘图窗口。

(131)【E】：水平对齐选择对象的中心。

(132)【Ctrl】+【,】：将文本排列改为水平方向。

(133)【Alt】+【F9】：打开缩放工具卷帘。

(134)【F4】：缩放全部的对象到最大。

(135)【Shift】+【F2】：缩放选定的对象到最大。

(136)【F3】：缩小绘图中的图形。

(137)【G】：将填充添加到对象，单击并拖动对象实现喷泉式填充。

(138)【Alt】+【F3】：打开透镜工具卷帘。

(139)【Ctrl】+【F5】：打开图形和文本样式工具卷帘。

(140)【Alt】+【F4】：退出 CorelDRAW X4 并提示保存活动绘图。

(141)【F7】：绘制椭圆形和圆形。

(142)【D】：绘制矩形组。

(143)【M】：将对象转换成网状填充对象。

(144)【Alt】+【F7】：打开位置工具卷帘。

(145)【F8】：添加文本单击添加美术字，拖动添加段落文本。

(146)【B】：将选择对象下对齐。

(147)【Ctrl】+小键盘【6】：将字体大小增加为字体大小列表中的下一个设置。

(148)【PageDown】：转到下一页。

(149)【Alt】+【↓】：将镜头相对于绘画下移。

(150)【Alt】+【F2】：包含指定线性标注线属性的功能。

(151)【Ctrl】+M：添加/移除文本对象的项目符号（切换）。

(152)【Ctrl】+：将选定对象按照对象的堆栈顺序放置到向后一个位置。

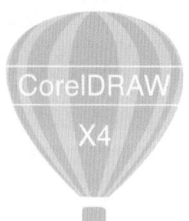

模块二

CorelDRAW X4
企业实践模块

○ 项目二 牛仔服装辅料的表现技法

◎ 项目概述

独有的街头气息和硬朗的剪裁线条是牛仔服装特有的风格，当加入别具匠心的辅料装饰，会让牛仔服装更多一抹风情。牛仔服饰通过与时尚印花图案相结合，色彩不再局限于单一乏味的靛蓝，给人一种清新的感觉；再加上复古刺绣，又会让原本刻板的牛仔服装多出一丝新奇；创新烫钻装饰，个性独特，闪亮吸睛，增添潮流感；牛仔服装配上蕾丝，叛逆、率性碰上柔美，激发出不一样的火花。

本项目根据任务要求，运用CorelDRAW X4软件进行牛仔服装辅料绘制，并进行牛仔服装的图案拓展设计，使学习者能够运用电脑辅助设计软件进行图案设计并应用于牛仔服装中。

◎ 思维导图

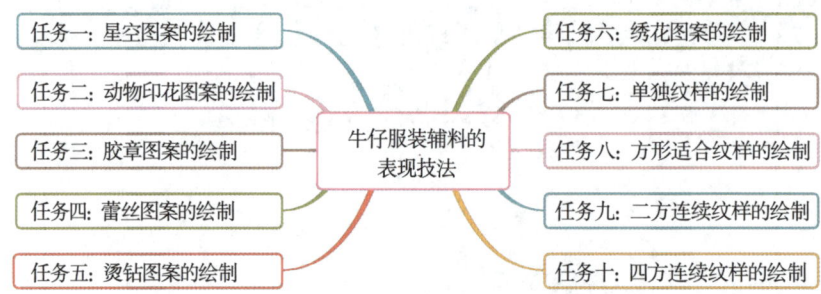

◎ 学习目标

学习目标	知识目标	1.了解CorelDRAW X4软件绘制牛仔服装辅料时相关工具的使用方法 2.了解CorelDRAW X4软件绘制牛仔服装辅料的技巧
	能力目标	1.掌握CorelDRAW X4软件进行几种常见牛仔服装辅料的绘制 2.能够熟练运用不同绘图工具及表现技法，进行各种牛仔服装辅料绘制 3.能够利用CorelDRAW X4软件，绘制出不同类型的辅料
	情感目标	1.通过了解牛仔辅料的类型，感受牛仔服装的包容性，加深对牛仔服装的感性认知 2.通过学习牛仔辅料的绘制与应用，拓宽学生的设计思维，激发学生的创作热情 3.在对牛仔辅料的细节绘制过程中，培养学生精益求精、将细节做到极致的"工匠精神"

任务一　星空图案的绘制

一、任务导入

完成星空图案效果图的绘制，如图2-1-1所示。

二、任务要求

星空图案的绘制

(1) 熟练使用CorelDRAW X4软件，掌握底纹填充的选择与应用。

(2) 熟练使用CorelDRAW X4软件完成星空图案的绘制。

图2-1-1　星空图案效果图

三、任务实施

星空图案的绘制步骤

（1）单击工具箱中 【矩形工具】，绘制一个矩形，如图2-1-2所示。

（2）单击工具箱中 【底纹填充工具】，执行菜单栏上的【样式】→【底纹列表】→【2色矿纹斑】，绘制牛仔面料底纹效果，如图2-1-3所示。

（3）单击工具箱中 【星形工具】，绘制一个五角星，填充"黄色"，如图2-1-4所示，左键拖动星形不放，按右键复制多个星形，如图2-1-5所示。

图2-1-2

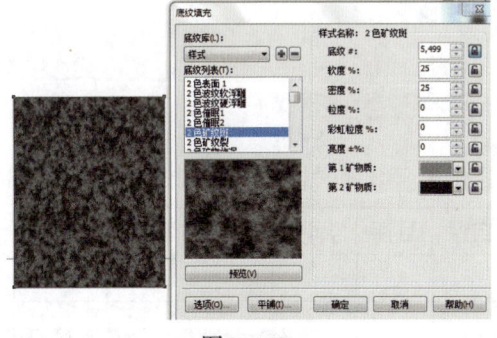

图2-1-3

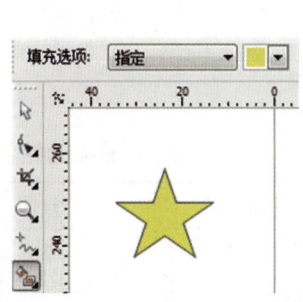

图2-1-4

图2-1-5

（4）按照以上操作，绘制七角星 ，如图2-1-6所示，单击工具箱中 【椭圆形工具】，绘制一个圆形，并填充"黄色"，如图2-1-7所示。

（5）左键拖动星形不放，按右键复制七角星到牛仔布上，左键拖动圆形不放，按右键复制圆形到牛仔布上，如图2-1-8、图2-1-9所示。

（6）选择全部图案，单击工具箱中 【轮廓笔工具】，宽度设置为"无"，如图2-1-10

所示。将绘制好的牛仔服装图案命名后 【保存】。

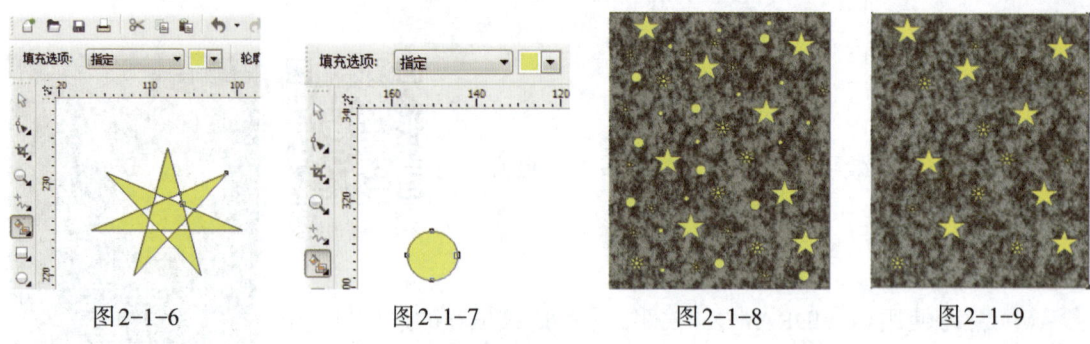

图 2-1-6　　　　　图 2-1-7　　　　　图 2-1-8　　　　　图 2-1-9

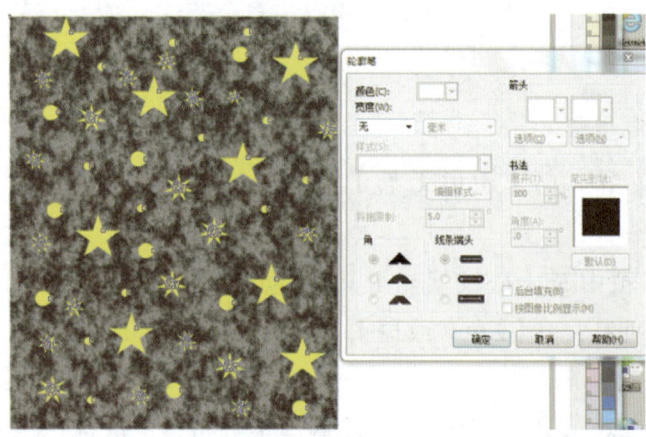

图 2-1-10

◎ 课后练习

根据图 2-1-10 绘制牛仔服装面料图案，并根据自己的想象力与创作力，设计牛仔服装图案效果，保存后命名。

◎ 学习评价

星空图案的绘制评价表

评分项目	评分要点	分值	自评	互评	师评	第三方评价	备注
面料效果	面料肌理效果好	30					
图案比例	比例大小协调	30					
软件应用能力	图形与图像处理软件结合使用，绘图表现能力强	20					
整体效果	牛仔服装美观自然、效果完整	15					
完成时间	在规定的时间内完成	5					
合计		100					

任务二　动物印花图案的绘制

一、任务导入

完成动物印花图案效果图的绘制，如图2-2-1所示。

二、任务要求

（1）熟练使用CorelDRAW X4软件绘制动物图案，把握好形状造型。

（2）熟练使用CorelDRAW X4软件，掌握交互式工具的应用，塑造立体生动的阴影效果。

（3）熟练使用CorelDRAW X4软件绘制牛仔面料动物印花图案的效果。

图2-2-1　动物图案效果图

动物印花图案的绘制

三、任务实施

动物印花图案的绘制步骤

（1）单击工具栏中的【椭圆形工具】(F7)，绘制一个椭圆形，如图2-2-2所示；单击工具栏中的【贝塞尔工具】，绘制动物耳朵；单击工具箱中的【挑选工具】，将耳朵选中，左键拖动耳朵不放，按右键复制，单击属性栏中的【水平镜像】按钮，将复制后的耳朵移动到右边合适的位置，如图2-2-3所示。

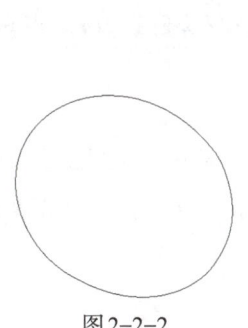

图2-2-2

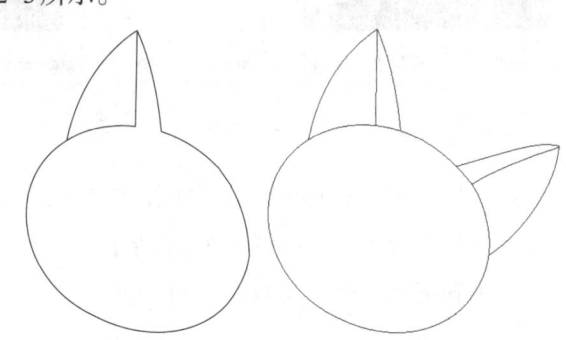

图2-2-3

（2）单击工具栏中的【虚拟段删除工具】，删除耳朵多余的线段，如图2-2-4所示，再单击工具栏中的【轮廓笔工具】，设置线条宽度为1.5mm，如图2-2-5所示。

（3）单击工具栏里的【椭圆形工

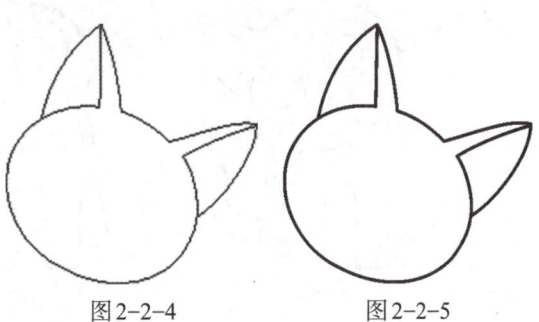

图2-2-4　　　　图2-2-5

具】,绘制左边眼睛,单击工具箱中的【挑选工具】将眼睛选中,左键拖动眼睛不放按右键复制,单击属性栏中的【水平镜像】,将复制后的眼睛移动到右边恰当位置,如图2-2-6所示。

(4)单击工具箱的【贝塞尔工具】,绘制猫咪的鼻子、嘴巴和胡须,如图2-2-7所示,在工具栏中用【轮廓笔工具】设置猫咪的胡须颜色为米白色(C:5 M:4 Y:4 K:0),如图2-2-8所示。

图2-2-6　　　　　　　　　　　图2-2-7

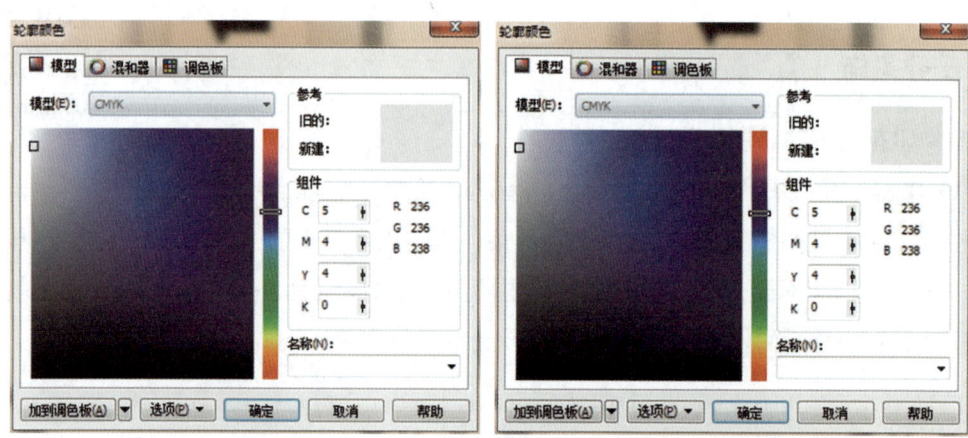

图2-2-8

(5)单击工具栏的【贝塞尔工具】,绘制猫咪身体的剩下部分,如图2-2-9所示。绘制猫咪脸部中间的分界线,如图2-2-10所示,绘制完成后,框选猫咪脸部的分界线,单击右键,选顺序到页面后面,如图2-2-11所示。

图2-2-9　　　　　　图2-2-10　　　　　　图2-2-11

(6)单击工具栏中的 【智能填充工具】,填充猫咪头部颜色为灰色(C:57 M:47 Y:47 K:4),如图2-2-12所示,单击工具栏中的 【贝塞尔工具】,绘制分界线,单击工具栏中的 【轮廓笔工具】,将颜色设置为"灰色",如图2-2-13所示。

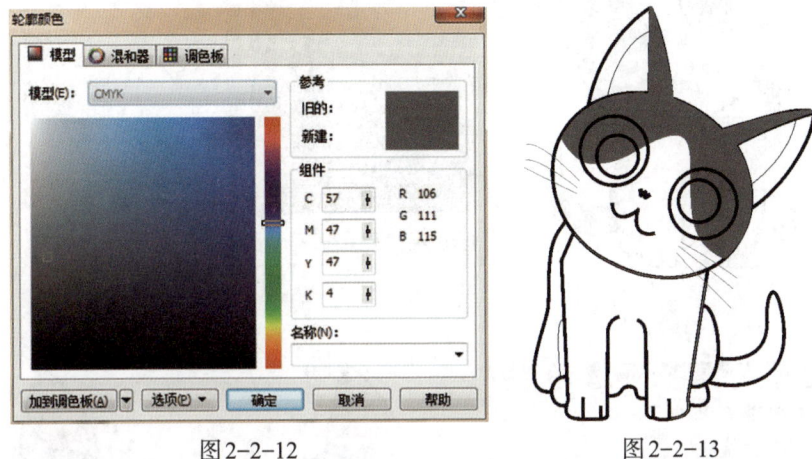

图2-2-12　　　　　　　　　　图2-2-13

(7)单击工具栏中的 【智能填充工具】,填充猫咪的眼睛,瞳孔色(C:78 M:70 Y:71 K:47)、灰色(C:57 M:47 Y:47 K:4)、米白色(C:5 M:4 Y:4 K:0),如图2-2-14所示。

图2-2-14

(8)单击工具栏中的 【智能填充工具】,填充剩下的猫咪身体部分,如图2-2-15所示。

(9)轮廓线则根据部位颜色选取工具栏中轮廓笔颜色填色。猫咪耳朵的颜色分别是浅粉色(C:6 M:17 Y:5 K:0)和深粉色(C:0 M:40 Y:20 K:0),尾巴的颜色是灰色(C:57 M:47 Y:47 K:4)和黑色(C:78 M:70 Y:71 K:47),身体部分是米白色(C:5 M:4 Y:4 K:0),尾巴尾端是"纯黑色",如图2-2-16所示。

(10)单击工具栏中的 【贝塞尔工具】,绘制猫咪身上的斑纹,然后填充为黑色(C:78 M:70 Y:71 K:47),如图2-2-17所示。

图 2-2-15

图 2-2-16　　　　　　　　　　　　　图 2-2-17

（11）单击工具箱中的【交互式调和工具】，拉伸猫咪阴影，如图 2-2-18 所示。

（12）单击工具栏里的【矩形工具】，绘制一个正方形，填充颜色为蓝色（C:62　M:0　Y:0　K:25），如图 2-2-19 所示。

（13）单击工具箱中的【贝塞尔工具】，绘制两条直线，并进行复制和旋转，然后单击

图 2-2-18　　　　　　　　　　　　　图 2-2-19

工具箱中的 【交互式调和工具】进行拉伸，绘制出一条条布纹效果，如图2-2-20所示。

（14）单击菜单栏中的【效果】→【图框精确剪裁】→【放置在容器中】，绘制牛仔面料效果，如图2-2-21所示。

（15）以此类推，同样的方法，单击工具箱中的 【挑选工具】框选猫咪，把猫咪放置在绘制好的牛仔面料中，如图2-2-22所示。将绘制好的动物图案命名后 【保存】。

图 2-2-20

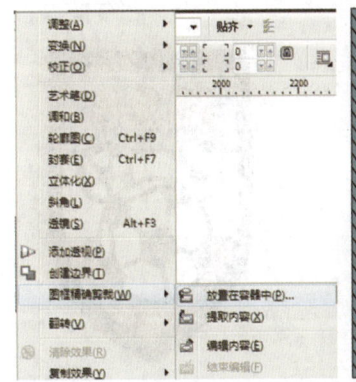

图 2-2-21

图 2-2-22

◎ 课后练习

根据图2-2-22绘制动物印花图案，要求动物图案生动且具有观赏性。可结合自身喜好，设计其他动物印花图案，将其置于牛仔面料中，并保存后命名。

◎ 学习评价

动物印花图案的绘制评价表

评分项目	评分要点	分值	自评	互评	师评	第三方评价	备注
动物造型	动物造型生动形象，具有审美性	30					
图案比例	比例大小协调	20					
面料表现	牛仔面料肌理表现生动	20					
软件应用能力	图形与图像处理软件结合使用，绘图表现能力强	10					

续表

评分项目	评分要点	分值	自评	互评	师评	第三方评价	备注
整体效果	图案生动、效果完整	15					
完成时间	在规定的时间内完成	5					
	合计	100					

任务三　胶章图案的绘制

一、任务导入

完成胶章图案效果图的绘制，如图2-3-1所示。

二、任务要求

（1）熟练使用CorelDRAW X4软件绘制胶章图案，表现胶章图案的质感。

（2）熟练使用CorelDRAW X4软件塑造出所需要的图形。

（3）熟练使用CorelDRAW X4软件绘制胶章图案的效果。

三、任务实施

胶章图案的绘制步骤

图2-3-1　胶章图案效果图

（1）单击工具箱中的 【矩形工具】，绘制一个矩形，如图2-3-2所示。使用 【挑选工具】，框选矩形，单击菜单栏中的"转换成曲线"，使用 【形状工具】进行调整，如图2-3-3所示。

（2）单击工具箱中的 【挑选工具】框选对象，右击鼠标拖动复制粘贴，单击工具箱中的 【挑选工具】缩小图案，如图2-3-4所示。选择 【填充工具】填充为"黑色"，如图2-3-5所示。

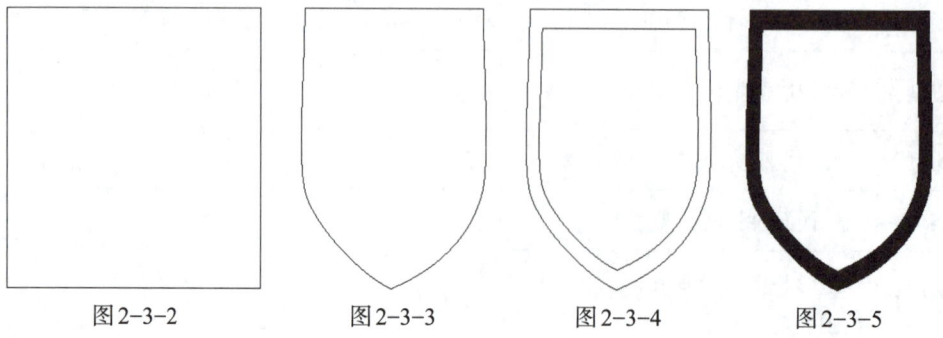

图2-3-2　　　　图2-3-3　　　　图2-3-4　　　　图2-3-5

（3）单击工具箱中的 【贝塞尔工具】，绘制两条线段，选择 【智能填充工具】填充颜色为"蓝色"，如图2-3-6所示。

（4）单击工具箱中的 【智能填充工具】，填充颜色为"白色"。轮廓线修改为黑色线且加粗，如图2-3-7所示。

（5）单击 【智能填充工具】，填充颜色为"橘色"，轮廓线粗细调回原来的粗细，如图2-3-8所示。

（6）单击 【文本工具】绘制"m28"，单击 【智能填充工具】，填充颜色为"橘色"，选择 【挑选工具】进行框选，单击鼠标右键，在弹出的对话框中选"群组"，如图2-3-9所示。

（7）单击工具箱中的 【挑选工具】，框选字母"m28"，单击工具箱中的 【阴影工具】，添加阴影，如图2-3-10所示。然后把它放在图上，如图2-3-11所示。

图2-3-6

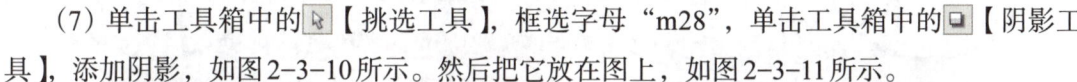

图2-3-7　　　　　　　　　　　　　　图2-3-8

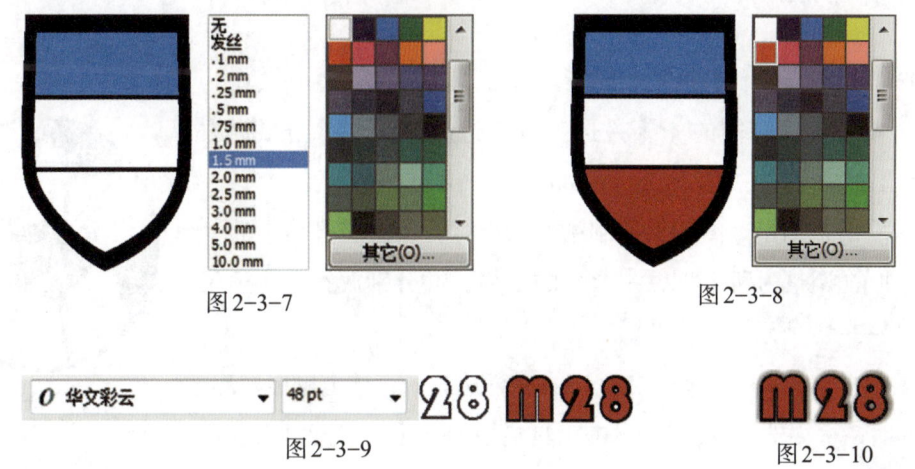

图2-3-9　　　　　　　　图2-3-10

（8）单击工具箱中的 【椭圆形工具】，同时按【Ctrl】绘制一个正圆，选择工具箱中的 【轮廓笔工具】使其加粗，如图2-3-12所示。再选择 【多边形工具】绘制一个五边形，如图2-3-13所示。单击鼠标右键，拖动复制5个多边形，如图2-3-14所示。把它们分别放置在圆形上，并选择 【挑选工具】进行旋转调整，如图2-3-15所示。

图2-3-11

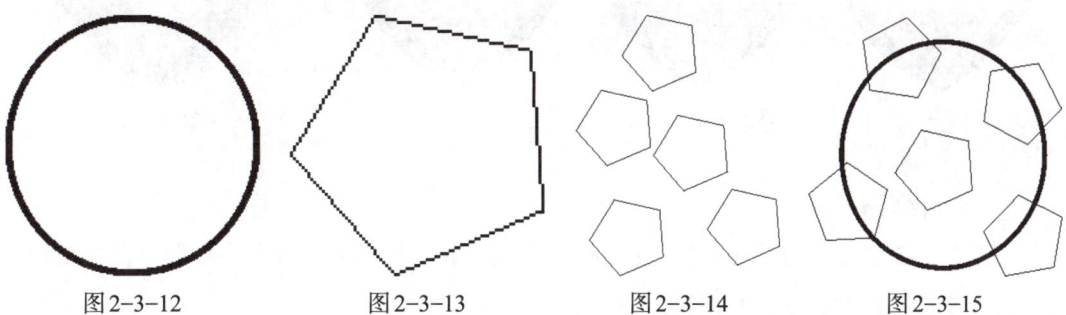

图2-3-12　　　　图2-3-13　　　　图2-3-14　　　　图2-3-15

(9)单击工具箱中的【虚拟段删除工具】,删除圆以外多余的线段,如图2-3-16所示。单击工具箱中的【贝塞尔工具】,绘制其余没有连接五边形图案的线,单击工具箱中的【轮廓笔工具】进行加粗,如图2-3-17所示。

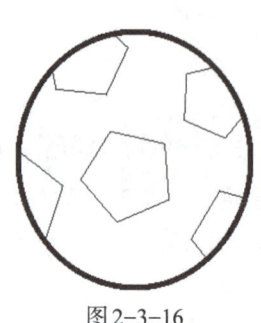
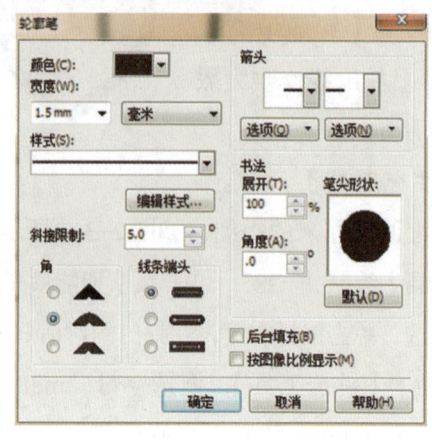

图2-3-16　　　　　　　　　　　　　　　图2-3-17

(10)单击工具箱中的【智能填充工具】,将五边形填充为"黑色",单击工具箱中的【挑选工具】进行框选,单击鼠标右键,在弹出的对话框中选"群组",如图2-3-18所示。

(11)右键拖动足球图形再复制粘贴两个球,单击工具箱中的【挑选工具】,调整为两个小、一个大的规格,并分别放置在合适位置,如图2-3-19所示。

(12)单击工具箱中的【挑选工具】框选胶章,单击鼠标右键,在弹出的对话框中选"群组",单击工具栏中的【阴影工具】进行绘制,如图2-3-20所示。将绘制好的胶章图案命名后【保存】。

图2-3-18

图2-3-19　　　　　　　　　　　图2-3-20

◎ **课后练习**

根据图2-3-20绘制胶章图案,要求质感真实。课后收集两款用于牛仔服装装饰的胶章图案,尝试将其绘制出来,并保存后命名。

◎ 学习评价

胶章图案的绘制评价表

评分项目	评分要点	分值	自评	互评	师评	第三方评价	备注
图案造型	图案丰富，造型美观	30					
图案比例	比例大小协调	15					
质感表现	能生动表现胶章图案的质感	20					
软件应用能力	能熟练运用软件分层次表现图案	15					
整体效果	图案生动、效果完整	15					
完成时间	在规定的时间内完成	5					
	合计	100					

任务四　蕾丝图案的绘制

一、任务导入

完成蕾丝图案效果图的绘制，如图2-4-1所示。

蕾丝图案的绘制

图2-4-1　蕾丝图案效果图

二、任务要求

（1）熟练使用CorelDRAW X4软件绘制蕾丝花边图案，细节塑造完整。
（2）熟练使用CorelDRAW X4软件的工具箱，分层表现蕾丝花边的形状及图案。
（3）熟练使用CorelDRAW X4软件绘制蕾丝图案的效果。

三、任务实施

蕾丝图案的绘制步骤

（1）单击工具箱中的▢【矩形工具】，绘制一个矩形，再单击工具箱中◆【填充工具】，在"图样填充"对话框中设置【双色】→【四边形网格】填充,颜色设置为"蓝色"和"白色",宽度与高度设置为"50.8mm",得到蕾丝底纹面料效果,如图2-4-2所示。

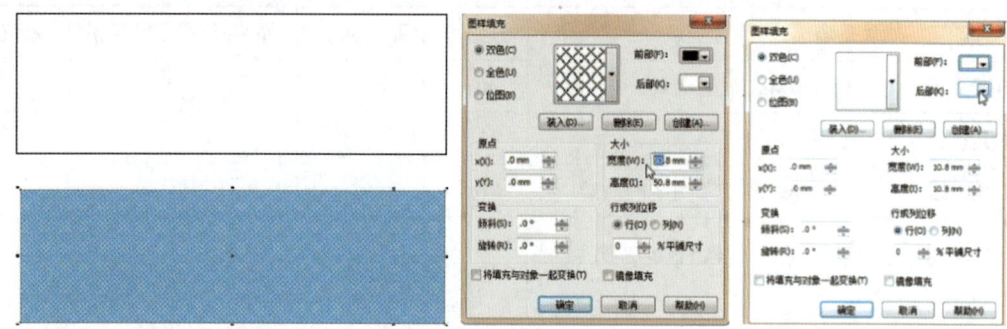

图2-4-2

(2)单击工具箱中的 【椭圆形工具】,绘制一个圆形,填充"白色",复制一个圆形调整到与另一个小0.5cm的圆形,在"图样填充"对话框中设置"双色"和"砖板图案",颜色设置为"蓝色"和"白色",参数设置为"50.8mm",如图2-4-3所示。

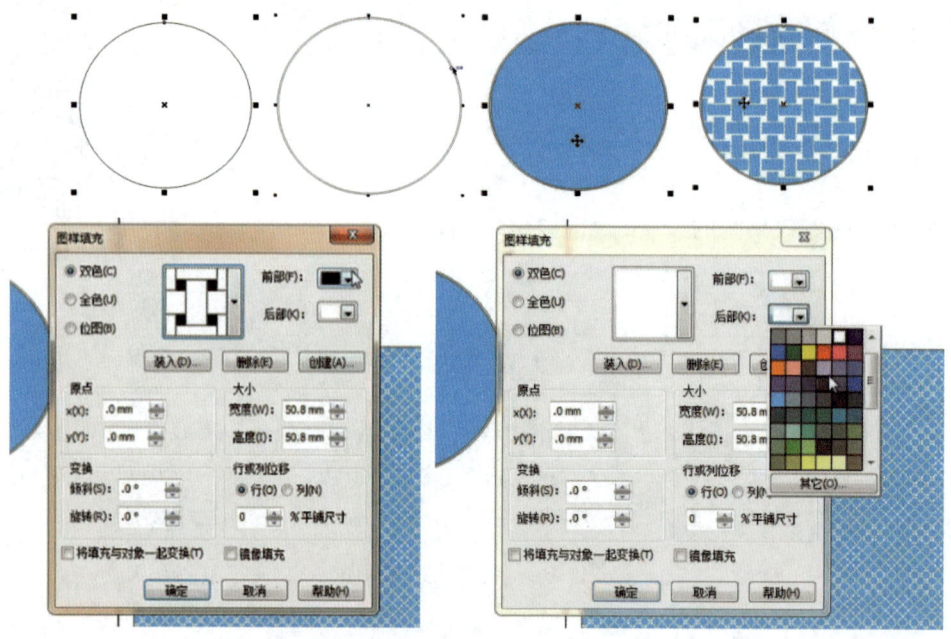

图2-4-3

(3)与第二个步骤一样,绘制两个圆形,调整大小,把下面圆形填充为"白色",小圆形填充为"蓝色",用 【艺术笔工具】,在属性栏上设置"预设笔触列表"为"均匀笔触","艺术笔工具宽度"设置为"2.0mm",以图案的圆形当参考,画出圆形里的波浪并填充为"白色",使整个图案美观漂亮,如图2-4-4所示。

(4)单击工具箱中的 【贝塞尔工具】,绘制一个花瓣,双击花瓣,中间出现一个小圆点(花瓣中心控制点),把中间那个小圆点(花瓣中心控制点)移动到所需要的中心点(旋转点)。执行菜单栏上的【窗口】→【泊坞窗】→【变换】→【旋转】命令,打开【变化】

泊坞窗，设置旋转角度数据，单击"应用到再制"，沿着中心控制点复制多个对象，复制旋转后把它放置在图案中，最后将整个图案"群组"，如图2-4-5所示。

（5）框选波浪图案并放置到图2-4-2的蕾丝中，选择对象移动到需要的位置，再按【Ctrl】+【r】组合快捷键，复制多个波浪图案，如图2-4-6所示。

（6）把绘制好的圆形图案（图2-4-5）放置在整个长方形里，左键移动对象不松开，按右键复制，移动复制到所需要的位置，再按【Ctrl】+【r】组合快捷键，复制多个圆形图案，如图2-4-7所示。

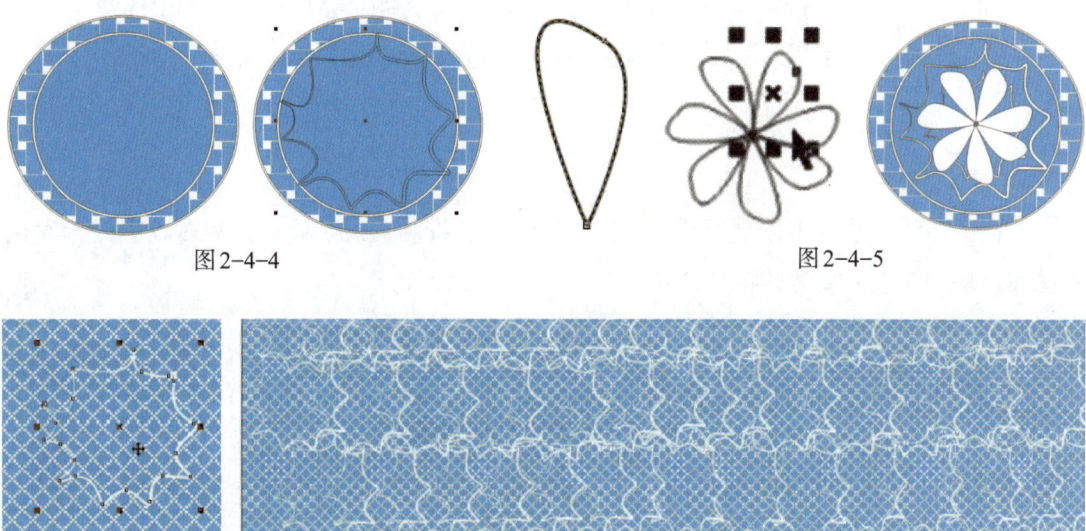

图2-4-4　　　　　　　　　　　　　　　　图2-4-5

图2-4-6

图2-4-7

（7）框选花朵图案，单击工具箱中的 【交互式调和工具】，选择 【交互式变形工具】，设置相关数据将花朵变形。执行菜单栏上的【窗口】→【泊坞窗】→【变换】→【位置】→【输入水平数据】→【应用到再制】，再制多个花朵，将花朵变形好的图案放置在长方形中，如图2-4-8所示。

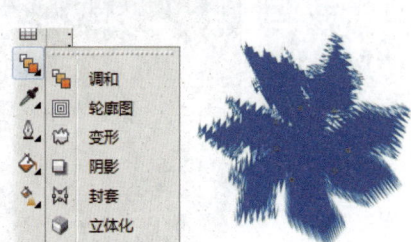

图2-4-8

（8）将绘制好的牛仔蕾丝花边图案命名后 🖫【保存】，如图2-4-9所示。

图2-4-9

◎ 课后练习

根据图2-4-9绘制牛仔蕾丝花边图案，要求花纹细腻美观。课后搜集多款牛仔蕾丝花边图案，从中挑选一款尝试将其绘制出来，并保存后命名。

◎ 学习评价

蕾丝图案的绘制评价表

评分项目	评分要点	分值	自评	互评	师评	第三方评价	备注
图案造型	蕾丝花边图案美观，组合自然	30					
图案比例	比例大小协调	20					
面料表现	蕾丝质感生动，有表现力	20					
软件应用能力	图形与图像处理软件结合使用，绘图表现能力强	10					
整体效果	图案生动、效果完整	15					
完成时间	在规定的时间内完成	5					
	合计	100					

任务五　烫钻图案的绘制

一、任务导入

完成烫钻图案效果图的绘制，如图2-5-1所示。

烫钻图案的绘制

二、任务要求

（1）熟练使用CorelDRAW X4软件绘制牛仔烫钻图案。

图2-5-1　烫钻图案的效果图

(2)熟练使用CorelDRAW X4软件的工具箱，应用底纹填充效果，表现出烫钻的质感。

(3)熟练使用CorelDRAW X4软件表现牛仔烫钻图案的效果。

三、任务实施

牛仔烫钻图案的绘制步骤

(1)单击工具箱的 【多边形工具】，绘制一个平行四边形，单击工具箱中的 【挑选工具】框选平行四边形，单击鼠标左键拖动不放，按右键复制三个一模一样的平行四边形。单击工具箱的 【椭圆形工具】绘制一个小圆，摆放好平行四边形和圆形。用 【挑选工具】框选对象，单击鼠标按右键在弹出的对话框中选"群组"，群组平行四边形，如图2-5-2所示。

(2)分别框选平行四边形图案，单击工具箱的 【填充工具】里的"底纹填充"，选择"5色矿物云"进行填充，如图2-5-3所示。

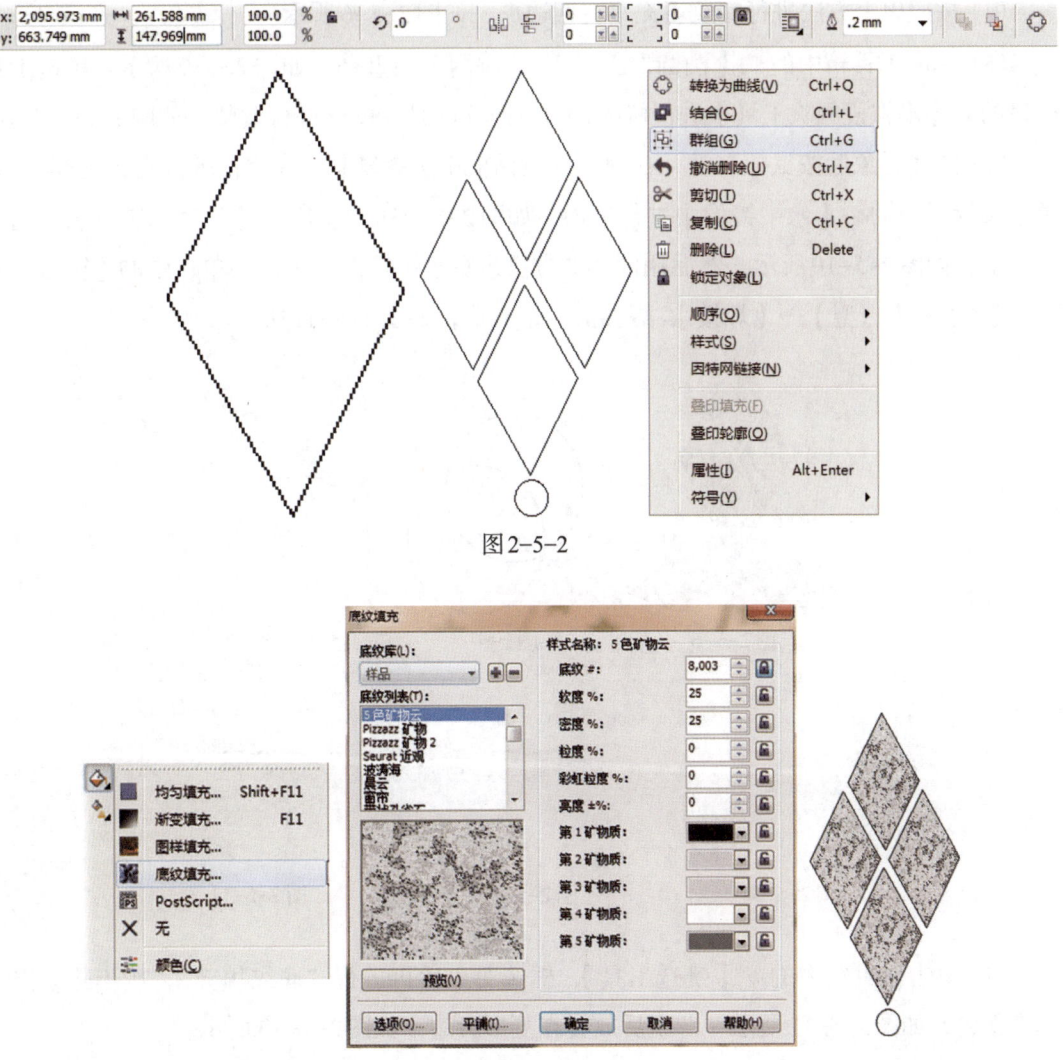

图2-5-2

图2-5-3

（3）单击 【底纹填充工具】填充圆形，在底色中进行颜色的修改，如图2-5-4所示。在圆形旁边绘制平行四边形，然后再复制一个平行四边形，如图2-5-5所示。

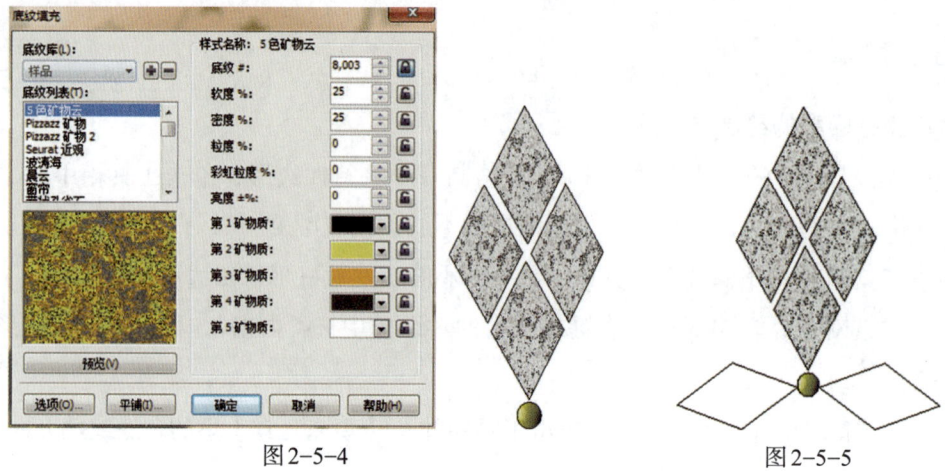

图2-5-4　　　　　　　　图2-5-5

（4）按照以上方法进行底纹填充平行四边形，如图2-5-6所示。

（5）单击工具箱中的 【椭圆形工具】，绘制两个圆重叠，如图2-5-7所示。单击工具栏里的 【虚拟段删除工具】进行修改，对修改完的月牙图形进行调整，如图2-5-8所示。

（6）选择对象后按鼠标右键，在弹出的对话框中选择复制，在空白处按右键选择粘贴，单击属性栏中的 【水平镜像】进行镜像，如图2-5-9所示。用 【贝塞尔工具】绘制半个心形，如图2-5-10所示，然后用同样的方法进行水平镜像，单击菜单栏中的【窗口】→【泊坞窗】→【造型】→【焊接】，焊接成一个心形，如图2-5-11所示。

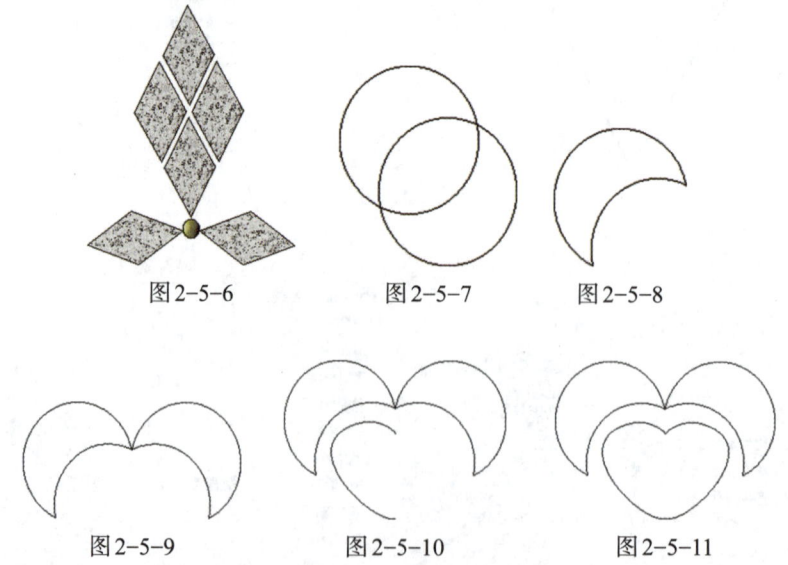

图2-5-6　　　　图2-5-7　　　　图2-5-8

图2-5-9　　　　图2-5-10　　　　图2-5-11

（7）单击工具箱中的 【挑选工具】，框选对象后再进行"底纹填充"，按步骤三方法填充颜色，如图2-5-12所示。群组后放置在菱形旁边，如图2-5-13所示。

（8）单击工具箱中的 【椭圆形工具】画一个大圆，如图2-5-14所示。框选对象使其旋转，再移到大圆的上方，如图2-5-15所示。单击对象，中间出现小圆点，把中间的小圆点移动到大圆的中心点。

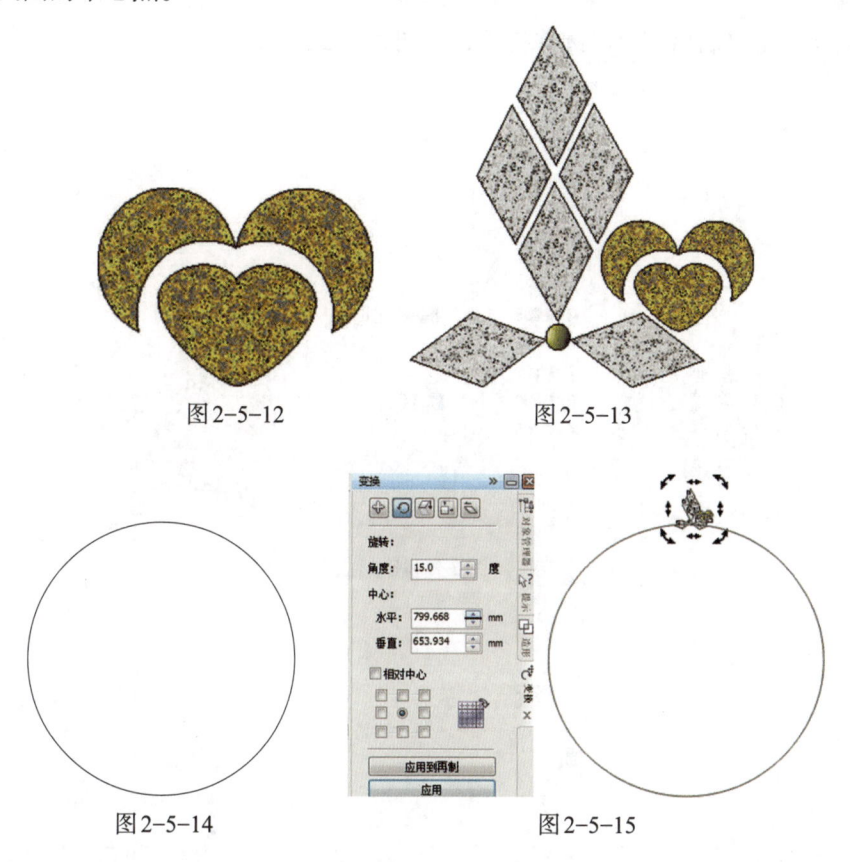

图2-5-12　　　　　　　　　图2-5-13

图2-5-14　　　　　　　　　图2-5-15

（9）打开菜单栏中的【窗口】→【泊坞窗】→【变换】→【旋转】→【输入旋转角度】→【应用到再制】（注意设置角度数据），沿着大圆复制多个对象，如图2-5-16所示。单击工具箱中的 【星形工具】，绘制一个五角星，如图2-5-17所示。

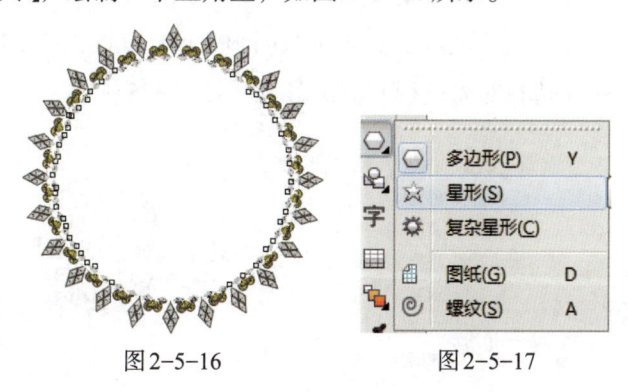

图2-5-16　　　　　　　　　图2-5-17

（10）框选五角星之后，单击工具栏中的 【填充工具】进行底纹颜色填充，如图2-5-18所示。单击鼠标左键拖动不放，按右键复制出6个一模一样的五角星。

（11）单击工具箱中的 【贝塞尔工具】，绘制半张人脸，如图2-5-19所示。把6个五角星放置在适当位置，如图2-5-20所示。

(12)单击工具箱中的 ◯【椭圆形工具】,绘制一小圆进行"底纹填充",如图2-5-21所示。单击工具箱中的【贝赛尔工具】,完善半张人脸的绘制,选择小圆单击鼠标左键拖动不放,按右键复制出多个小圆并排列,如图2-5-22所示。

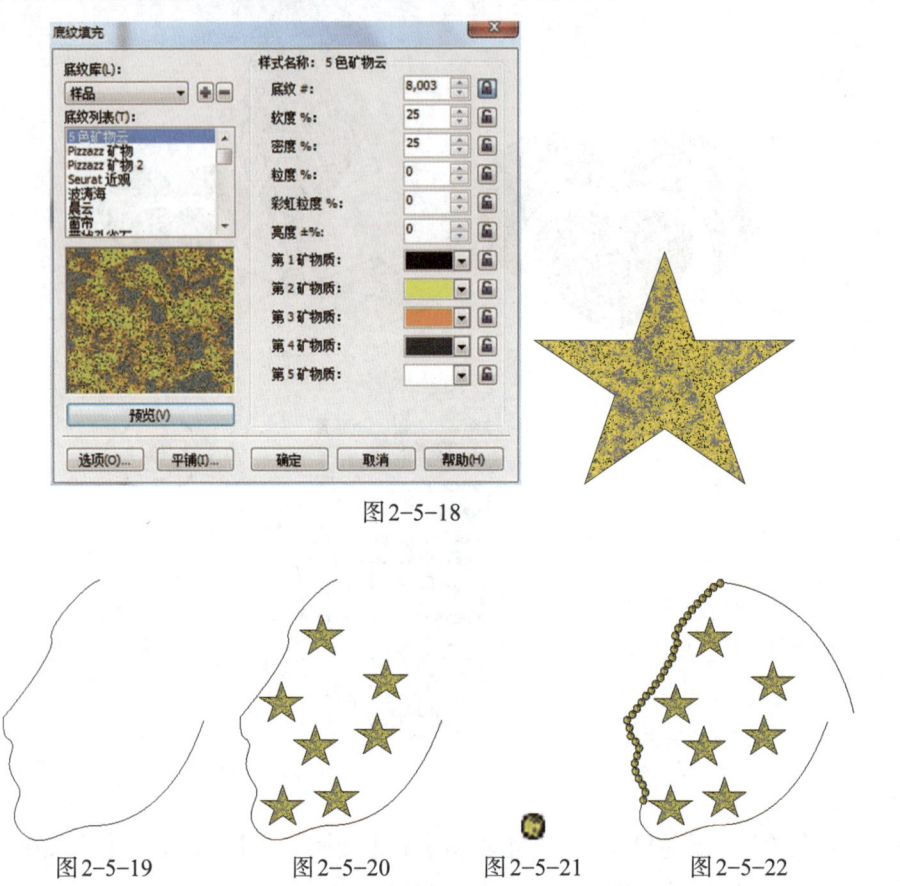

图2-5-18

图2-5-19　　图2-5-20　　图2-5-21　　图2-5-22

(13)框选小圆并复制放大两个大小不等的小圆,如图2-5-23所示。选择最小的一个圆,单击工具栏中的【交互式调和工具】进行阴影效果,如图2-5-24所示。然后把绘制好的小圆放置在大圆中,选择对象进行"群组",如图2-5-25所示。

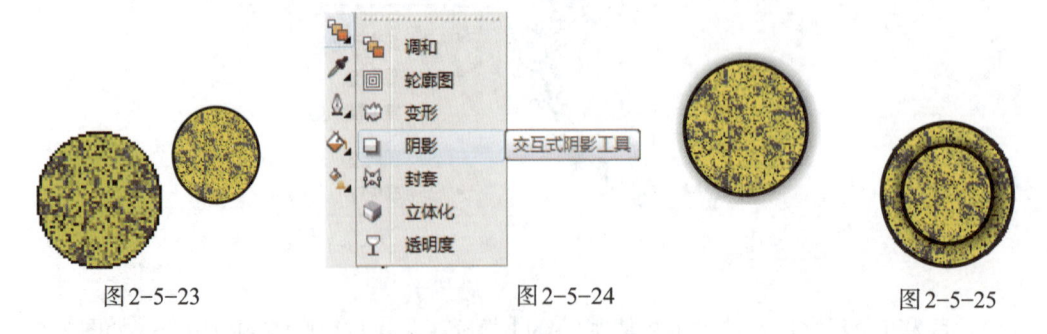

图2-5-23　　　　　　图2-5-24　　　　　　图2-5-25

(14)把绘制好的大圆小圆分别复制多个,逐个放置在半张人脸中,如图2-5-26、图2-5-27所示。

(15)单击工具箱中的【贝赛尔工具】,绘制人的脖子部分,如图2-5-28所示。复制小圆放置在脖子一周，如图2-5-29所示。

图2-5-26　　　　图2-5-27　　　　图2-5-28　　　　图2-5-29

（16）单击工具栏中的 □【矩形工具】，绘制一个小矩形，如图2-5-30所示。单击工具箱中的 【底纹填充工具】，填充底纹颜色，如图2-5-31所示。

（17）复制多个矩形图案并进行旋转，放置在恰当位置，再选择大圆，复制多个大圆围着头部一圈，如图2-5-32、图2-5-33所示。

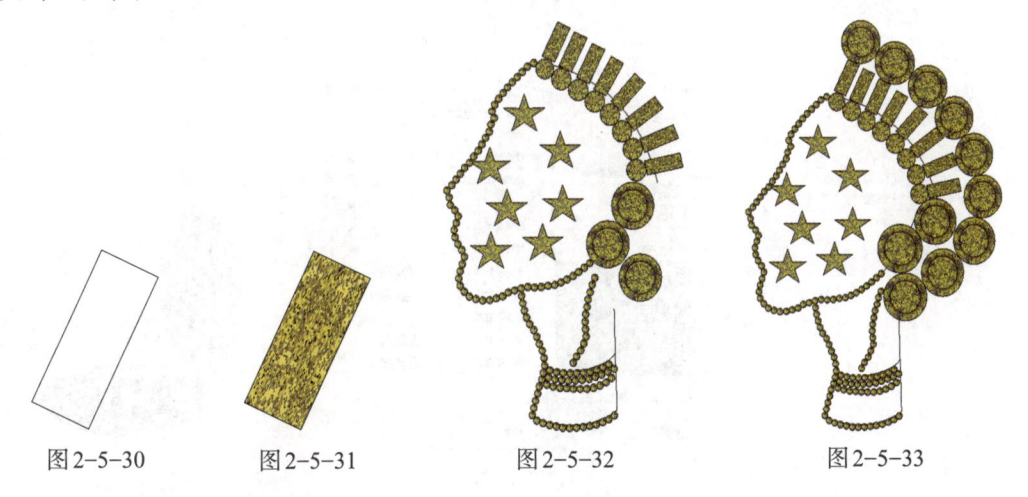

图2-5-30　　　　图2-5-31　　　　图2-5-32　　　　图2-5-33

（18）单击工具箱中的 【贝赛尔工具】，绘制放射性线条，如图2-5-34所示。利用已绘制好的小矩形复制多个小矩形并排列到放射性的线条上面，如图2-5-35所示。

（19）把绘制好的长条矩形复制多个并放置在头部线条上，如图2-5-36所示。单击工具箱中的 【贝赛尔工具】，绘制树叶图形，如图2-5-37所示。

（20）框选树叶，单击工具箱中的 【底纹填充工具】填充"5色矿物云"，如图2-5-38所示。旋转复制2片树叶，再用工具栏中的 【椭圆形工具】，绘制一个小圆，用同样的方法填充并进行"群组"，如图2-5-39所示。

（21）框选图2-5-39，按【Ctrl】+【r】复制一条发射线的弧度图案，如图2-5-40所示。然后依次群组之后复制5条放置在头部，同时把小矩形和圆形复制多个放到脖子的恰当位置，如图 2-5-41 所示。

（22）框选绘制好的月牙图形并复制多个，放置在脖子后面的空白部分，如图 2-5-42 所示。

（23）单击工具栏里的 【矩形工具】，绘制一个正方形，单击工具栏中的 【填充工具】，选"均匀填充"填充颜色为"黑色"，如图 2-5-43 所示。框选图 2-5-42，单击菜单栏中的【效果】→【图框精确裁剪】→【放置在容器中】，编辑效果，如图 2-5-44 所示。将绘制好的烫钻图案命名后 【保存】。

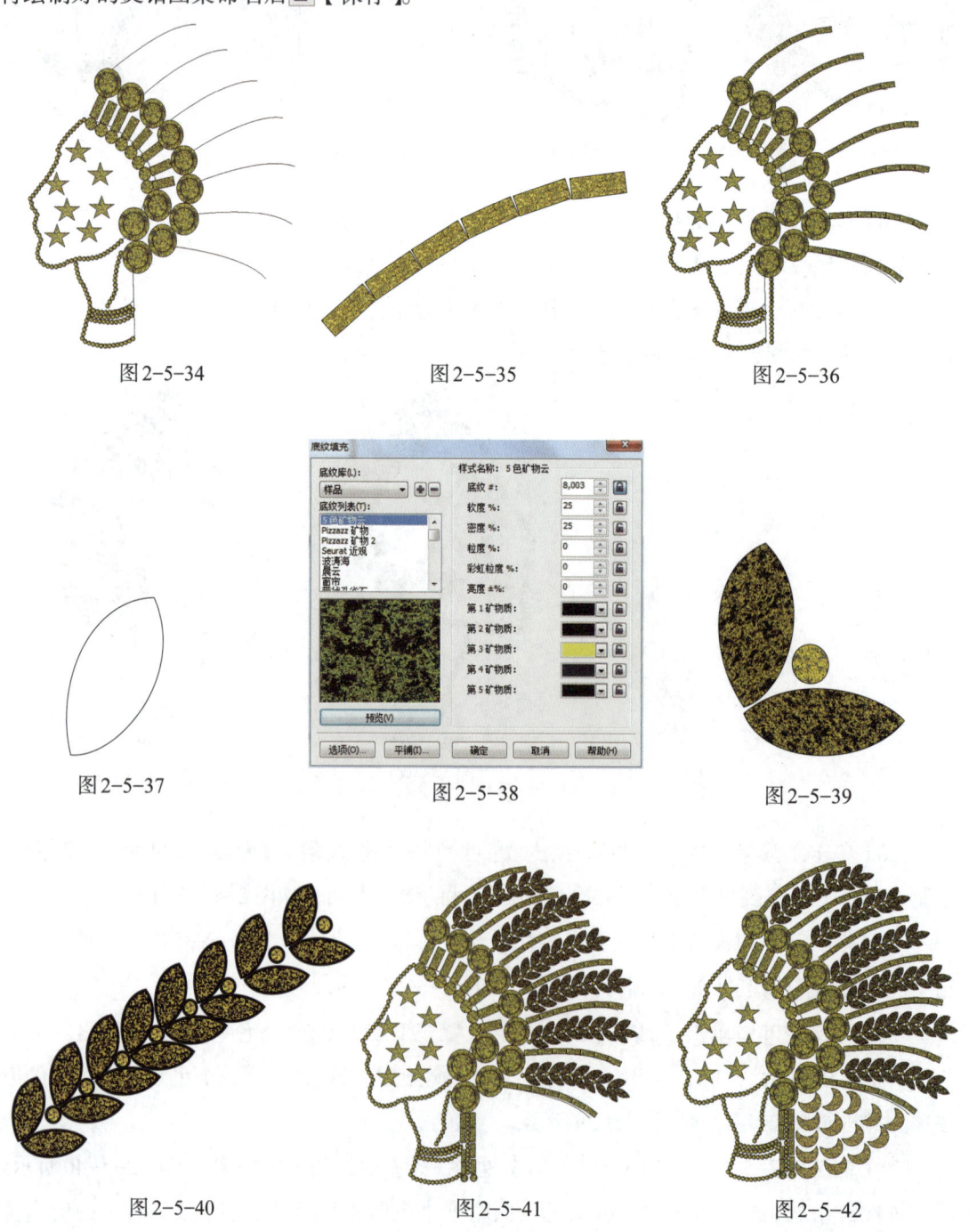

图 2-5-34

图 2-5-35

图 2-5-36

图 2-5-37

图 2-5-38

图 2-5-39

图 2-5-40

图 2-5-41

图 2-5-42

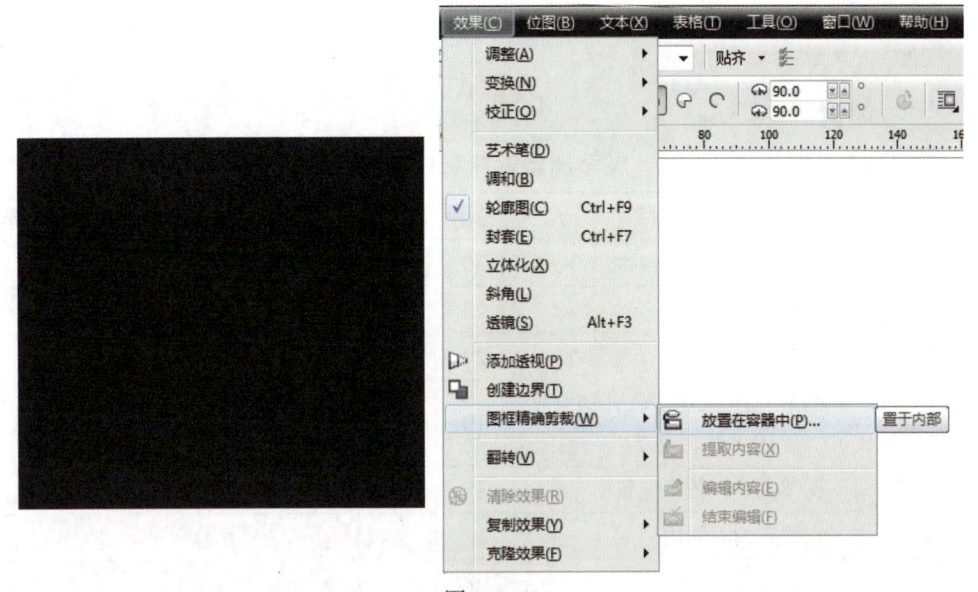

模块二　CorelDRAW X4 企业实践模块

图 2-5-43

图 2-5-44

◎ 课后练习

根据图 2-5-44 绘制烫钻图案，要求造型美观，质感生动。尝试设计绘制一款牛仔烫钻图案,并保存后命名。

◎ 学习评价

烫钻图案的绘制评价表

评分项目	评分要点	分值	自评	互评	师评	第三方评价	备注
图案造型	图案美观,有观赏性	30					
图案比例	比例大小协调	20					
面料表现	烫钻质感生动,有表现力	20					
软件应用能力	图形与图像处理软件结合使用,绘图表现能力强	10					
整体效果	图案生动、效果完整	15					
完成时间	在规定的时间内完成	5					
	合计	100					

任务六 绣花图案的绘制

一、任务导入

完成牛仔绣花图案效果图的绘制,如图2-6-1所示。

绣花图案的绘制

图2-6-1 绣花图案的效果图

二、任务要求

(1)熟练使用CorelDRAW X4软件绘制牛仔绣花图案。

(2)熟练使用CorelDRAW X4软件进行牛仔绣花图案的色彩搭配。

(3)熟练使用CorelDRAW X4软件表现牛仔绣花图案的效果。

三、任务实施

牛仔绣花图案的绘制步骤

（1）单击工具箱中的 【贝赛尔工具】绘制一个水滴状的图案，单击工具箱中的 【形状工具】进行调整，如图2-6-2所示。框选对象按住【Shift】，同时单击左键缩小所需要的形状，再按右键复制，如图2-6-3所示。

（2）框选水滴状的图案，按住【Shift】同时单击左键缩小所需要的形状，再按右键复制，如图2-6-4所示。按照此步骤重复依次缩小，效果如图2-6-5所示。

（3）单击工具箱中的 【智能填充工具】，依次填充颜色为"灰色"和"蓝色"，如图2-6-6、图2-6-7所示。

（4）单击工具箱中的 【智能填充工具】依次填充"黑灰色"和"橙色"，框选对象进行"群组"，如图2-6-8所示。

（5）单击工具箱中的 【椭圆形工具】绘制小圆，用 【智能填充工具】填充"蓝色"，如图2-6-9所示。

（6）把绘制好的小圆放置在图2-6-8中，框选对象，按住左键拖动，按右键复制，效果如图2-6-10所示。

图2-6-2 图2-6-3 图2-6-4 图2-6-5

图2-6-6 图2-6-7

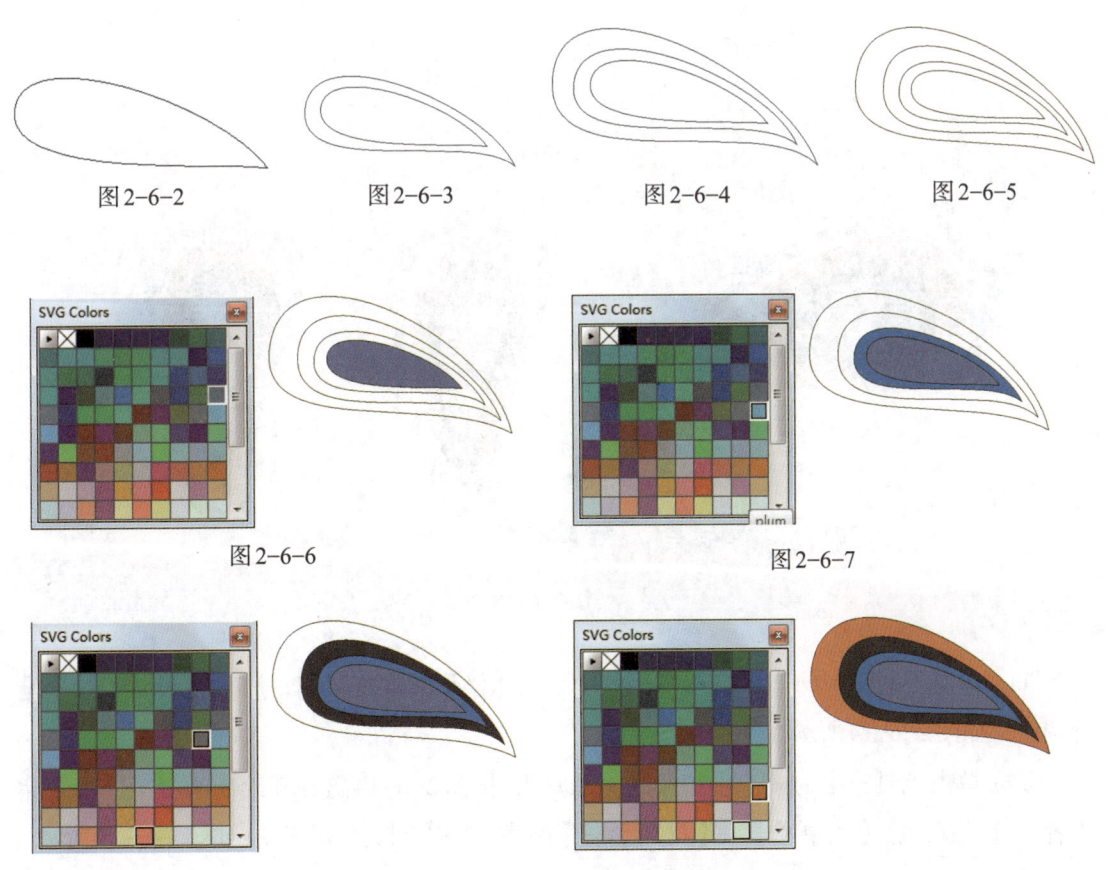

图2-6-8

（7）单击工具箱中的 【贝塞尔工具】绘制图案尾部，单击工具箱中的 【形状工具】进行调整，如图2-6-11所示。

（8）单击工具箱中的 【贝塞尔工具】绘制图案花纹进行修饰，单击工具箱中的 【形状工具】进行调整，如图2-6-12所示。

（9）单击工具箱中的 【智能填充工具】填充"蓝色"，框选全部图案进行群组，再单击对象出现旋转图标再进行旋转，如图2-6-13所示。

（10）单击工具箱中的 【贝塞尔工具】进一步绘制花纹图案，按照第一个步骤的方法，绘制水滴形图案并放置在合适的位置，如图2-6-13所示。

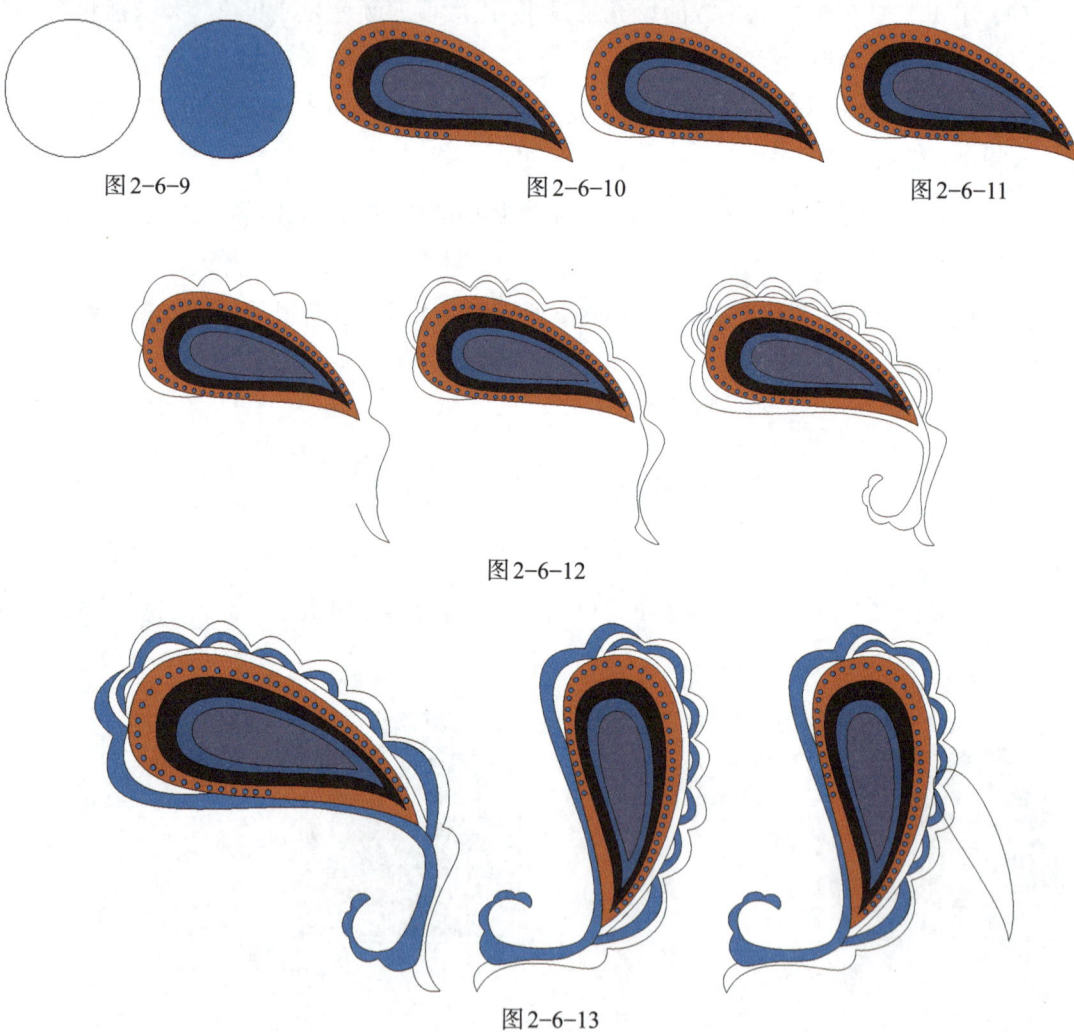

图2-6-9　　　　　　　　　图2-6-10　　　　　　　　　图2-6-11

图2-6-12

图2-6-13

（11）单击工具箱中的 【贝塞尔工具】绘制水滴形图案并复制，用 【形状工具】进行调整，如图2-6-14所示。

（12）单击工具箱中的 【虚拟段删除工具】，把图2-6-14盖住新绘制的图案进行删除或者框选对象，在【菜单栏】→【排列】→【顺序】→【到页面后面】，如图2-6-15所示。

（13）框选对象并进行旋转，单击工具箱中的 【贝塞尔工具】绘制边缘曲线，如

图2-6-16所示，单击 【椭圆形工具】绘制一个小圆放置在新绘制的图案中，如图2-6-17所示。

（14）单击工具箱中的 【智能填充工具】逐个填充"蓝色"和"橙色"，如图2-6-18所示。

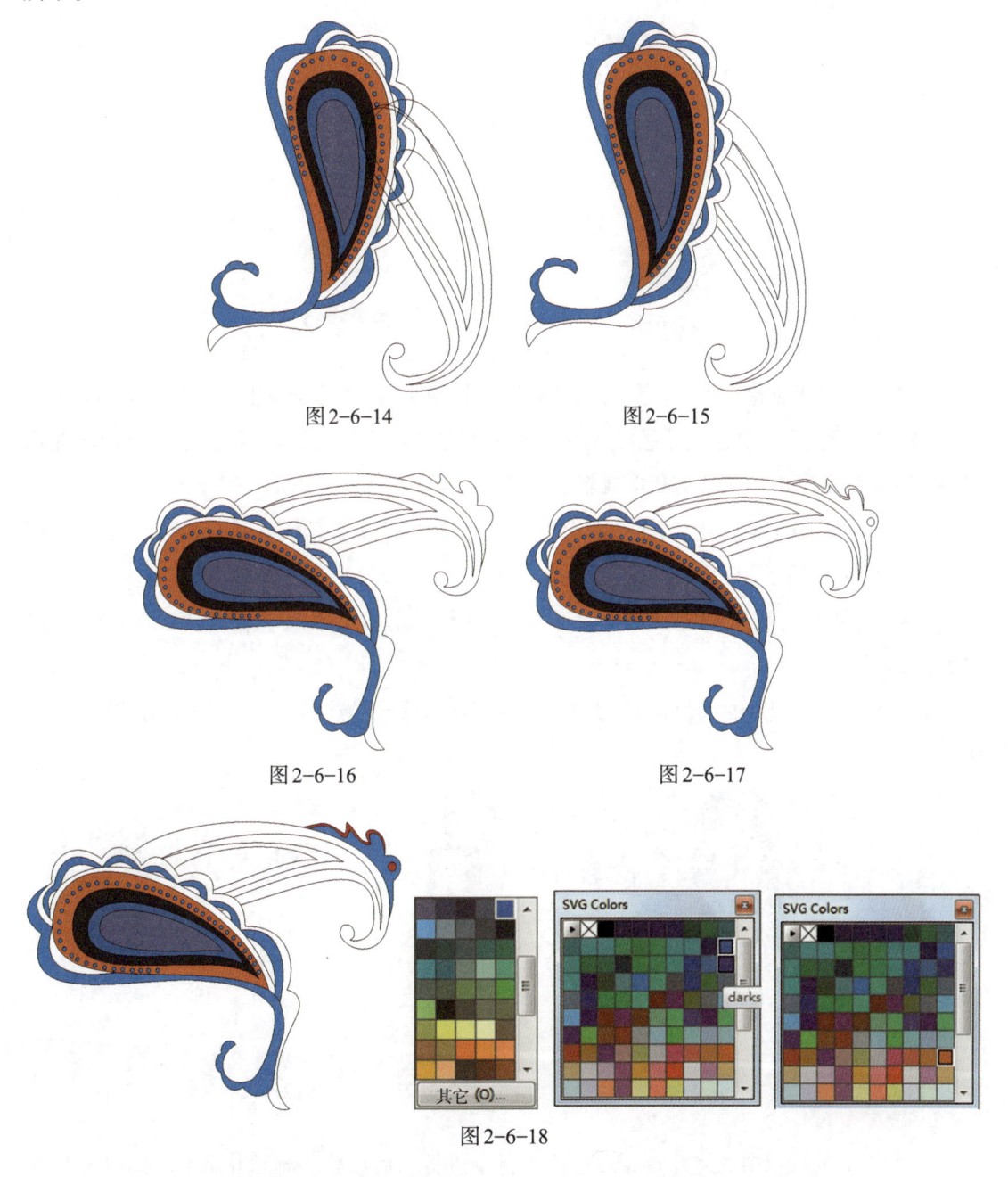

图2-6-14　　　　　　　图2-6-15

图2-6-16　　　　　　　图2-6-17

图2-6-18

（15）框选对象进行旋转，复制水滴形图案，放置在新绘制的图案花纹中，如图2-6-19所示。

（16）单击工具箱中的 【椭圆形工具】绘制一个圆，单击工具箱中的 【贝塞尔工具】绘制一条直线，用 【虚拟段删除工具】把圆的一半删除，如图2-6-20所示。

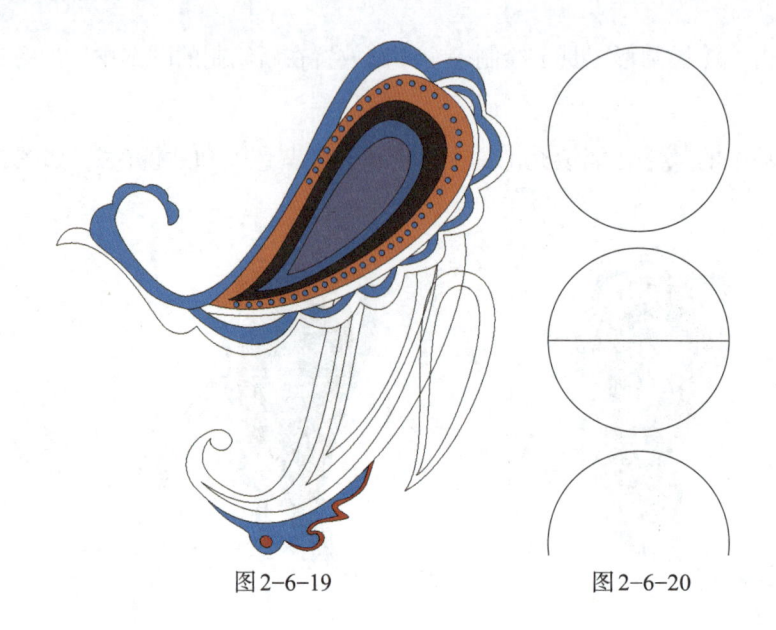

图 2-6-19　　　　　　　　　图 2-6-20

（17）框选小半圆拖动不放，按右键复制多个小半圆在水滴形图案中，如图 2-6-21 所示。

（18）单击工具箱中的【智能填充工具】填充"蓝色"，把水滴形图案和里面的花形水滴形图案分别复制，调整形状形成新图案花纹，如图 2-6-22 所示。

（19）在新图案花纹上使用【贝塞尔工具】绘制小花瓣，用【形状工具】进行调整，如图 2-6-23 所示。

（20）选择小花瓣复制放大两个一模一样的形状之后按照前小后大的顺序放好，如图 2-6-24 所示。

（21）单击工具箱中的【虚拟段删除工具】删除多余的线条并调整花纹，如图 2-6-25 所示。

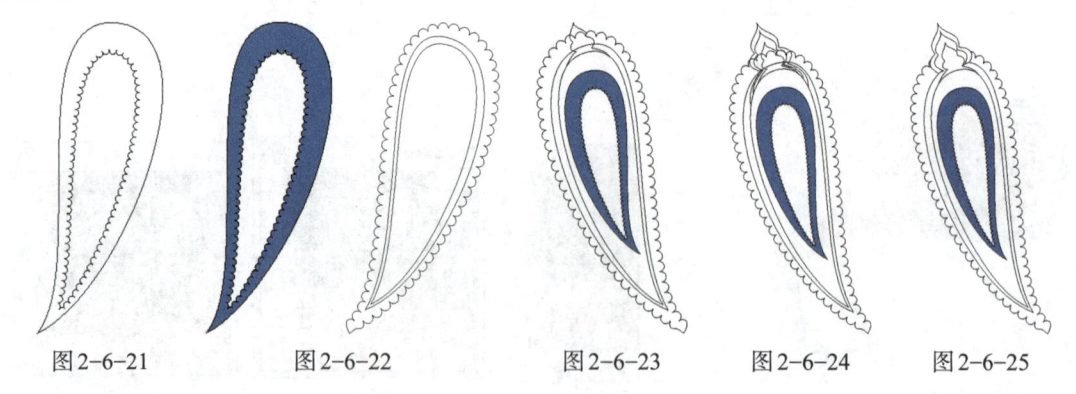

图 2-6-21　　　图 2-6-22　　　图 2-6-23　　　图 2-6-24　　　图 2-6-25

（22）单击工具箱中的【虚拟段删除工具】进行前后层叠的删除并调整，如图 2-6-26 所示。

（23）单击工具箱中的【智能填充工具】，填充图案中所需的蓝色、橙色、浅橙色等部位，效果如图 2-6-27 所示。

（24）单击工具栏中的【矩形工具】绘制一个矩形，然后单击【智能填充工具】填充颜色为"蓝色",如图2-6-28所示。

(25)框选对象进行"群组",把绘制好的绣花图案放置在矩形上,选【菜单栏】→【排列】→【到页面前面】,使得图案到最前面或者右击鼠标在弹出的对话框选择顺序向前一层,单击 【智能填充工具】把空白处填充"白色",右击鼠标选择"群组",如图2-6-29所示,将绘制好的绣花图案命名后 【保存】。

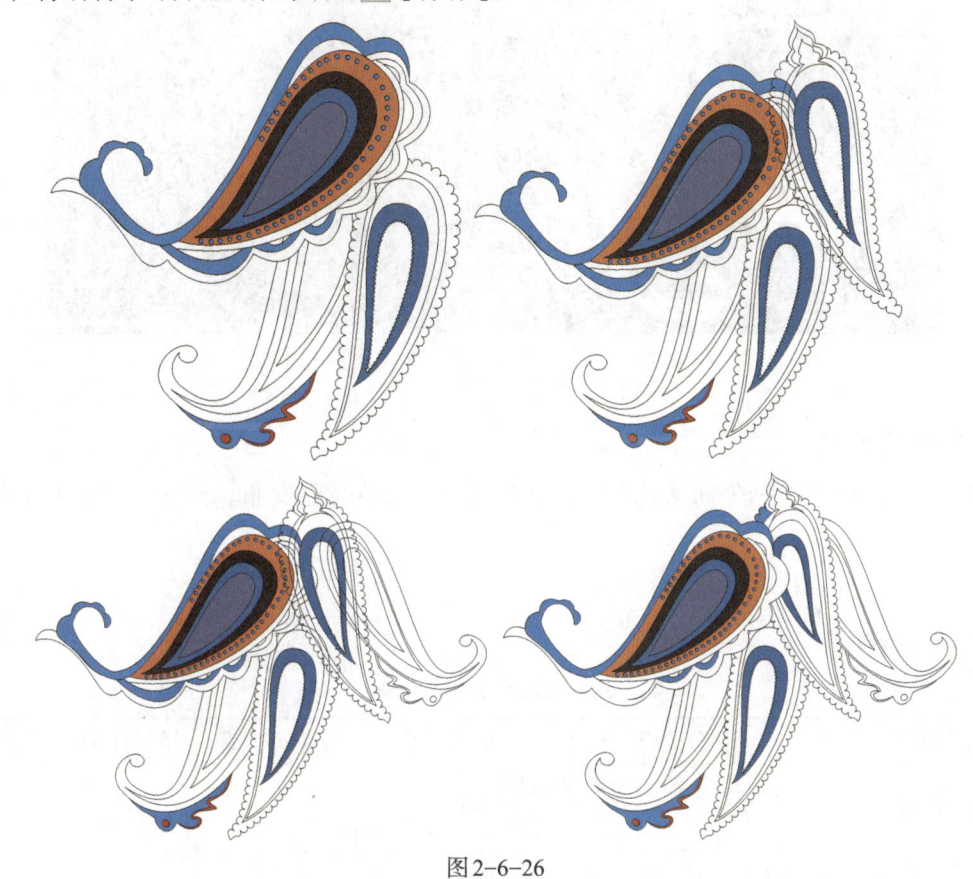

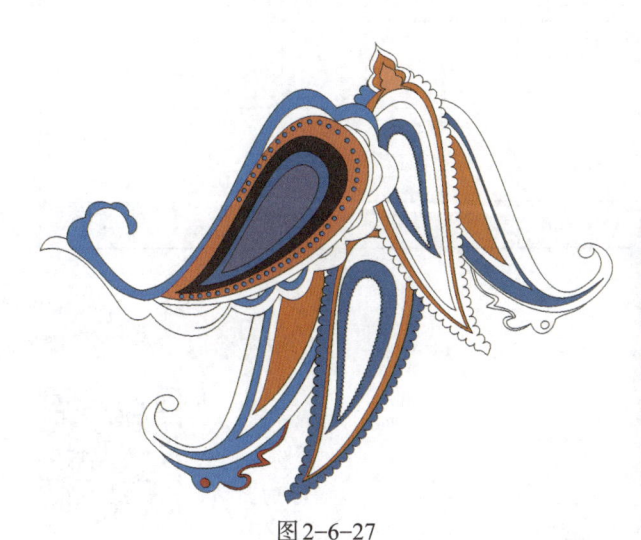

图2-6-26

图2-6-27　　　　　　　　　　　图2-6-28

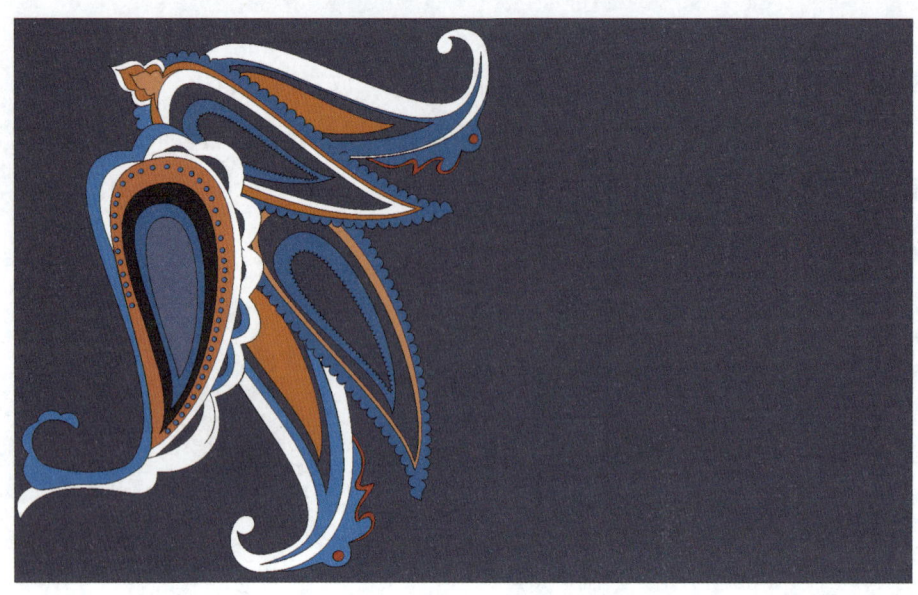

图 2-6-29

◎ 课后练习

根据图 2-6-29 绘制牛仔绣花图案,并根据最新的流行色发布,设计 3~5 种色彩搭配的效果,保存后命名。

◎ 学习评价

绣花图案的绘制评价表

评分项目	评分要点	分值	自评	互评	师评	第三方评价	备注
图案造型	图案结构完整,造型美观大方	30					
图案比例	比例大小协调	20					
图案配色	图案色彩搭配合理	20					
软件应用能力	图形与图像处理软件结合使用,绘图表现能力强	10					
整体效果	美观自然、效果完整	15					
完成时间	在规定的时间内完成	5					
合计		100					

任务七　单独纹样的绘制

一、任务导入

完成单独纹样效果图的绘制,如图 2-7-1 所示。

单独纹样的绘制

二、任务要求

（1）熟练使用CorelDRAW X4软件绘制单独纹样图形，色彩搭配合理。

（2）熟练使用CorelDRAW X4软件的螺纹及轮廓笔工具，对纹样进行艺术加工。

（3）熟练使用CorelDRAW X4软件表现单独纹样的效果。

图2-7-1　单独纹样的效果图

三、任务实施

单独纹样的绘制步骤

（1）单击工具箱中的【椭圆形工具】绘制一个椭圆，单击椭圆按右键选择"转换为曲线"，单击工具箱中的【形状工具】调整图形，如图2-7-2所示。

（2）单击工具箱中的【渐变填充工具】填充颜色，设置参数如图2-7-3所示。

（3）单击对象按住左键不放，单击右键复制一个图形。单击工具箱中的【挑选工具】使其缩小，再用【填充工具】中的"渐变填充"进行颜色填充，设置参数如图2-7-4所示。

（4）群组对象，再单击对象使其处于旋转状态，将中心控制点移动到图案的最底部，如图2-7-5所示，执行菜单栏上的【窗口】→【泊坞窗】→【变换】→【旋转角度数据】→【应用到再制】，沿着中心控制点分别复制左右各一个花瓣，如图2-7-6、图2-7-7所示。

（5）框选图2-7-7，单击右键"群组"，按住鼠标左键不放，单击右键复制一个图案并将其缩小、旋转，如图2-7-8所示。

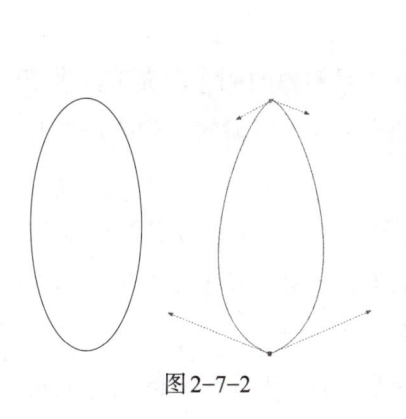

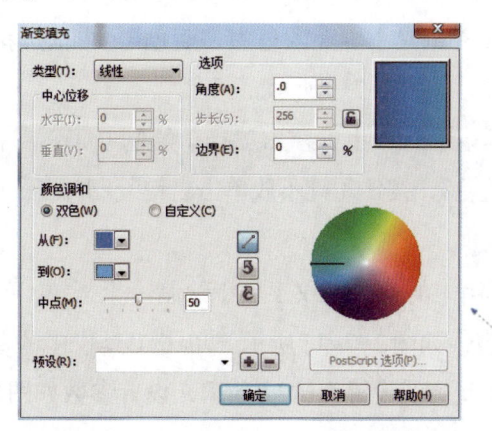

图2-7-2

图2-7-3

图 2-7-4

图 2-7-5　　　　图 2-7-6　　　　　图 2-7-7

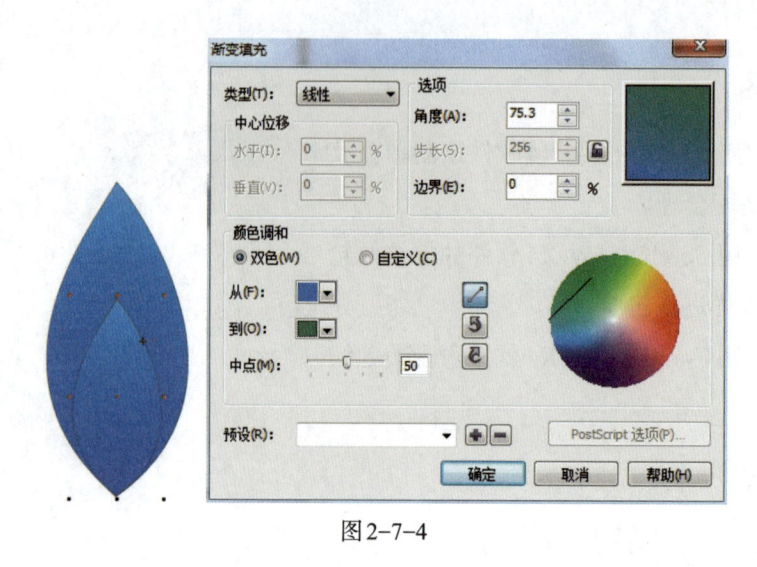

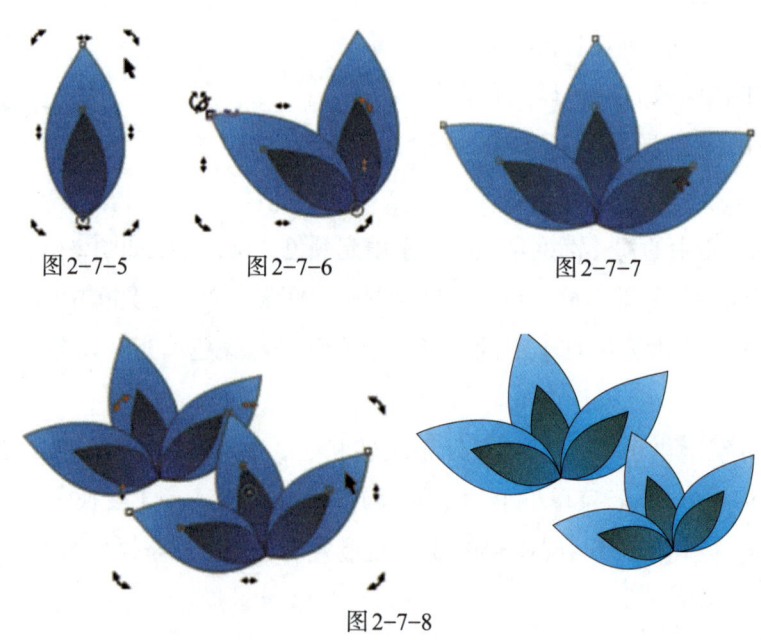

图 2-7-8

（6）单击工具箱中的 【贝塞尔工具】绘制花枝，用 【形状工具】进行调整，单击工具箱中的 【填充工具】填充颜色为"蓝色"，再框选花枝按住左键不放单击右键复制，并将其缩小及旋转，如图 2-7-9 所示。

（7）单击工具箱中的 【贝塞尔工具】绘制叶子，单击工具箱中的 【填充工具】填充叶子颜色为"蓝色"，按住左键不放单击右键复制叶子，并将其缩小及旋转，如图 2-7-10 所示。

（8）单击工具箱中的 【螺纹工具】绘制一个螺纹，按住左键不放单击右键复制螺纹，并将其旋转、调整，如图 2-7-11 所示。单击工具栏中的 【轮廓笔工具】或者按"F12"填充颜色，并加粗轮廓线设置为"2.0mm"，设置参数如图 2-7-12 所示。

（9）框选对象，按住左键不放单击右键复制图案并旋转，单击工具栏中的 【轮廓

笔工具】或者按"F12"更改颜色，如图 2-7-13 所示。将绘制好的单独纹样命名后 🖫
【保存】。

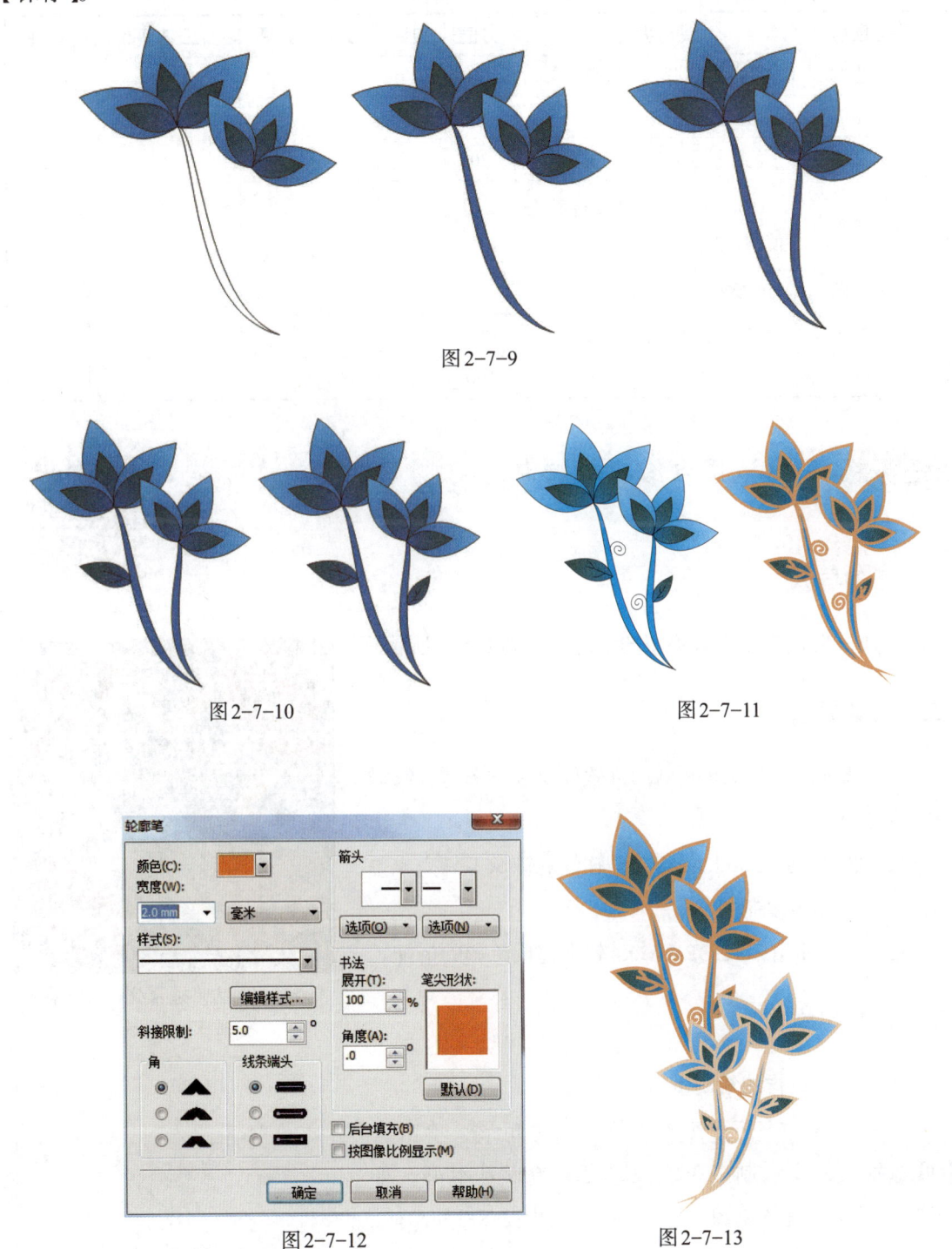

图 2-7-9

图 2-7-10

图 2-7-11

图 2-7-12

图 2-7-13

◎ 课后练习

根据图 2-7-13 绘制单独纹样，要求纹样造型美观。并以花朵为素材，设计创作一款单独纹样图案，绘制并保存后命名。

◎ 学习评价

单独纹样的绘制评价表

评分项目	评分要点	分值	自评	互评	师评	第三方评价	备注
图案造型	单独纹样造型美观自然	30					
图案比例	比例大小协调	20					
色彩搭配	色彩搭配合理,有表现力	20					
软件应用能力	图形与图像处理软件结合使用,绘图表现能力强	10					
整体效果	图案生动、效果完整	15					
完成时间	在规定的时间内完成	5					
	合计	100					

任务八　方形适合纹样的绘制

方形适合纹样的绘制

一、任务导入

完成方形适合纹样效果图的绘制,如图2-8-1所示。

二、任务要求

(1)熟练使用CorelDRAW X4软件绘制方形适合纹样的单位纹样。

(2)熟练使用CorelDRAW X4软件的镜像工具完成单位纹样的多角度复制。

(3)熟练使用CorelDRAW X4软件完成色彩的搭配。

三、任务实施

方形适合纹样的绘制步骤

(1)单击 【矩形工具】绘制一个矩形,单击 【贝塞尔工具】绘制多条线段,完成方形基本型,如图2-8-2所示。框选对象进行"群组",如图2-8-3所示。

(2)单击 【贝塞尔工具】绘制花卉图案,单击 【形状工具】调整图案,如图2-8-4所示。

(3)单击 【椭圆形工具】绘制小圆并填充颜色为"黄色",如图2-8-5所示。框选小圆按住左键拖动不放,

图2-8-1　方形适合纹样的效果图

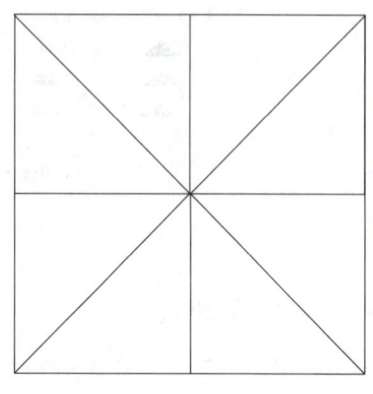

图2-8-2

单击右键复制并使其缩小，如图 2-8-6 所示。

（4）框选绘制完成的图案并"群组"，按住左键拖动不放，单击右键复制、旋转，如图 2-8-7 所示。绘制一个圆形并填充颜色，如图 2-8-8 所示。

（5）框选部分花瓣图案左键拖动不放单击右键复制，如图 2-8-9 所示。复制完后单击 【挑选工具】进行旋转，再框选花卉图案的一半进行删除，如图 2-8-10 所示。

（6）框选图 2-8-10 并缩小放置在新绘制的花卉图案上，进行填充颜色，如图 2-8-11 所示。框选对象并群组、复制、粘贴对象，在属性栏中单击 【水平镜像】进行"水平镜像"，如图 2-8-12 所示。

图 2-8-3

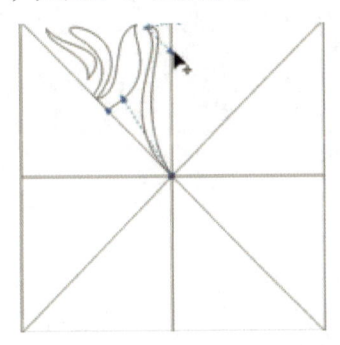

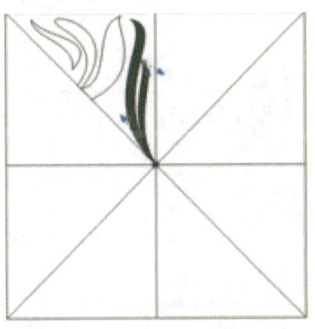

图 2-8-4

图 2-8-5 　　　　　图 2-8-6  　　　　　图 2-8-7

图 2-8-8 　　　　　图 2-8-9 　　　　　图 2-8-10

图 2-8-11 　　　　　　　　　　　　　　　图 2-8-12

（7）框选图 2-8-12 后复制粘贴，并单击属性栏中的 【垂直镜像】进行"垂直镜像"，如图 2-8-13 所示。选择全部图案右击进行"群组"，如图 2-8-14 所示。

图 2-8-13 　　　　　　　　　　　　　　　图 2-8-14

（8）单击矩形边框单击右键删除方形基本型，如图 2-8-15 所示。框选花卉图案，按住左键拖动不放，单击右键复制并缩小、旋转，拖动对象放置在新的花卉图案中并填充颜色，如图 2-8-16 所示。

图 2-8-15 　　　　　　　　　　　　　　　图 2-8-16

（9）框选对象，在【菜单栏】→【窗口】→【泊坞窗】→【变换】→【旋转】→【输入角度90】→【应用到再制】，沿着中心点复制3个对象，完成整个花卉图案，如图2-8-17所示。

（10）单击 【矩形工具】绘制一个矩形，如图2-8-18所示。单击 【填充工具】填充颜色为"黑色"，单击右键选顺序设置到后部，如图2-8-19所示。

图2-8-17

图2-8-18

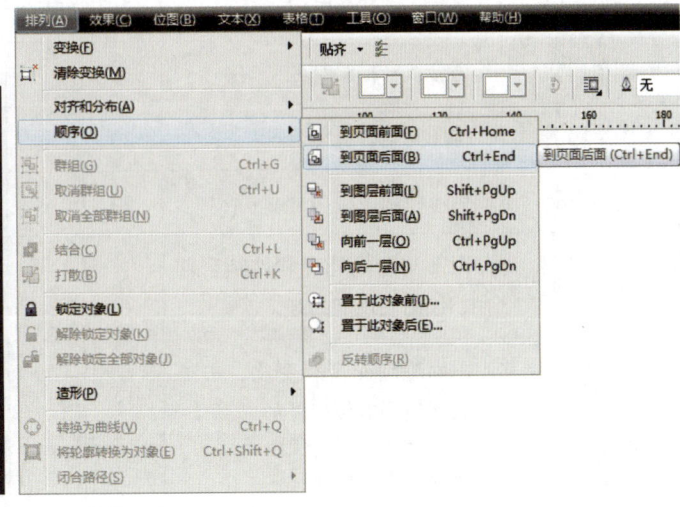

图2-8-19

（11）设置完后，完成最终方形适合纹样效果，如图2-8-20所示。将绘制好的方形适合纹样命名后 【保存】。

◎ 课后练习

根据图2-8-20绘制方形适合纹样，以黄绿色调为主进行色彩搭配。课后以熟悉的花卉为题材设计一款圆形适合纹样，并保存后命名。

图 2-8-20

◎ 学习评价

方形适合纹样的绘制评价表

评分项目	评分要点	分值	自评	互评	师评	第三方评价	备注
图案造型	适合纹样描绘细致	30					
图案比例	构图完整，造型合理	20					
色彩搭配	色彩协调，层次分明	20					
软件应用能力	图形与图像处理软件结合使用，绘图表现能力强	10					
整体效果	画面饱满而富有变化，去掉骨架线后仍能保持外形	15					
完成时间	在规定的时间内完成	5					
合计		100					

任务九　二方连续纹样的绘制

一、任务导入

完成二方连续纹样效果图的绘制，如图 2-9-1 所示。

二方连续纹样的绘制

图 2-9-1 二方连续纹样的效果图

二、任务要求

（1）熟练使用 CorelDRAW X4 软件绘制二方连续纹样，细节塑造完整。

（2）熟练使用 CorelDRAW X4 软件的镜像工具完成单位纹样的连续。

（3）熟练使用 CorelDRAW X4 软件表现二方连续纹样的效果。

三、任务实施

二方连续的绘制步骤

（1）单击工具箱中的 【椭圆形工具】绘制一个椭圆，如图 2-9-2 所示。单击 【形状工具】调整图形形状，如图 2-9-3 所示。单击工具箱的 【底纹填充工具】填充"紫色花瓣"，如图 2-9-4 所示。

（2）框选对象并将其进行复制粘贴、旋转、缩小，替换颜色再"群组"，双击对象使其中间出现一个小圆点，把中间的小圆点移动到所需要的中心点，在【菜单栏】→【窗口】→【泊坞窗】→【变换】→【旋转】→【输入角度72】→【应用到再制】，沿着中心点复制4个对象花卉图案，如图 2-9-5 所示。

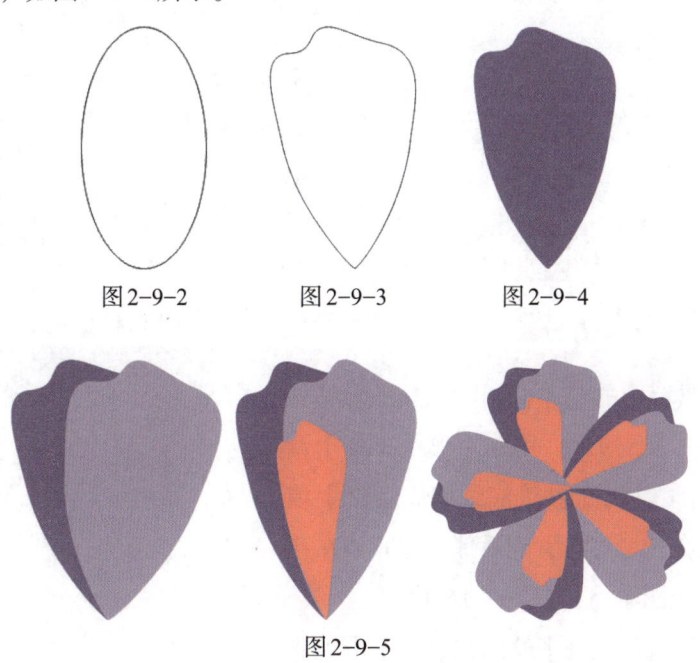

图 2-9-2　　图 2-9-3　　图 2-9-4

图 2-9-5

(3) 单击工具箱中的 【椭圆形工具】绘制一个椭圆，单击工具箱中的 【变形工具】进行变形，花蕾图案完成，如图2-9-6所示。单击工具箱中的 【贝塞尔工具】绘制一个花丝并填充"白色"，单击工具栏中的 【轮廓笔工具】选"无轮廓"，双击花丝使其中间出现一个小圆点，把中间的小圆点移动到所需要的中心点，在【菜单栏】→【窗口】→【泊坞窗】→【变换】→【旋转】→【输入角度90】→【应用到再制】，沿着中心点复制3个花丝，完成整个花卉图案，如图2-9-7所示。

(4) 选择紫色花瓣，按照以上步骤绘制另一种颜色的花卉图案，如图2-9-8所示。

(5) 单击工具箱中的 【椭圆形工具】绘制一个椭圆，如图2-9-9所示。用 【形状工具】调整其形状，如图2-9-10所示。然后复制五个对象并进行缩小放大，再单击工具箱的 【底纹填充工具】分别填充颜色，完成叶子图案，如图2-9-11所示。

(6) 单击工具箱中的 【椭圆形工具】绘制一个椭圆，如图2-9-12所示。用 【形状工具】调整其形状，再用 【贝塞尔工具】绘制下面不规则图形完成花朵图案，如图2-9-13所示。单击工具箱的 【底纹填充工具】填充颜色，如图2-9-14所示。

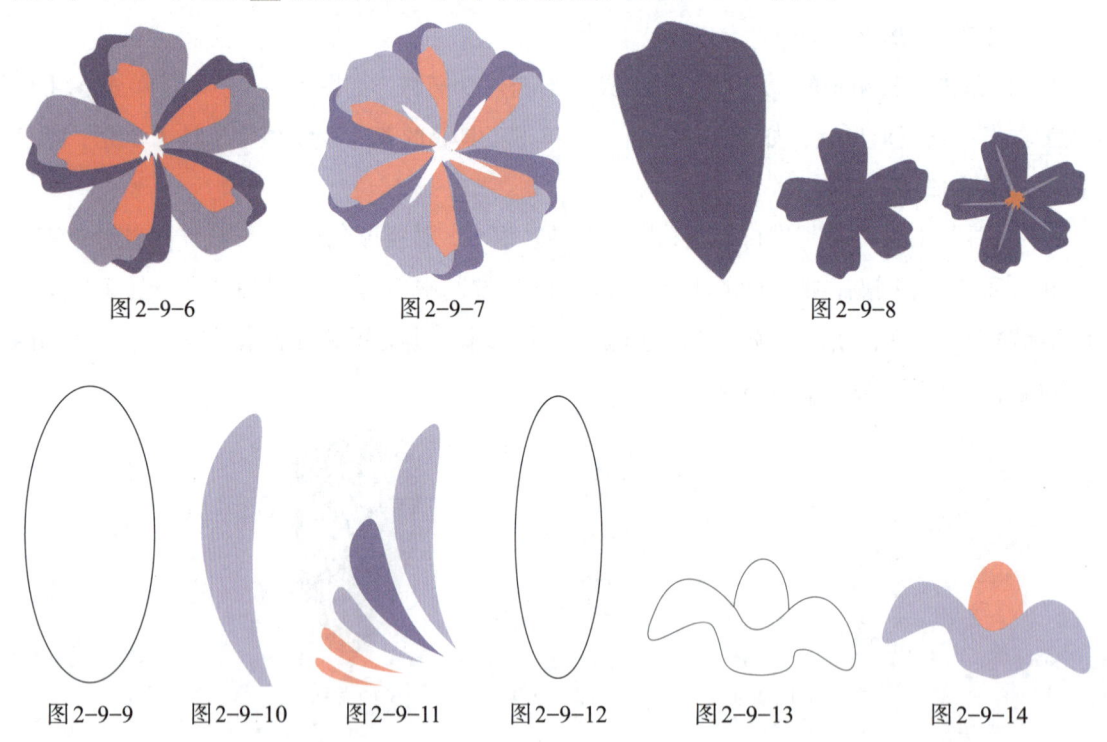

图2-9-6　　　　图2-9-7　　　　图2-9-8

图2-9-9　　图2-9-10　　图2-9-11　　图2-9-12　　图2-9-13　　图2-9-14

(7) 单击工具箱中的 【椭圆形工具】绘制一个椭圆，如图2-9-15所示。用 【形状工具】调整形状，再单击工具箱的 【底纹填充工具】填充颜色，单击对象选顺序设置到后部，把其放在花朵后面，完成花苞图案，如图2-9-16所示。

(8) 用 【贝塞尔工具】绘制花枝，单击工具

图2-9-15　　　　图2-9-16

栏中的 【轮廓笔工具】进行加粗及设置颜色，如图 2-9-17 所示。把绘制好的花卉、叶子、花苞等图案放置在花枝合适的位置，把花苞和叶子进行"复制"和"垂直镜像"，并调整花枝的长短，如图 2-9-18 所示。

图 2-9-17　　　　　　　　　　图 2-9-18

（9）框选对象复制粘贴并在属性栏中分别选"垂直镜像"和"水平镜像"，调整后的纹样的效果如图 2-9-19 所示。框选对象群组并进行复制粘贴，用挑选工具移动调整纹样图案，如图 2-9-20 所示。

图 2-9-19

图 2-9-20

（10）单击工具栏中的 【矩形工具】绘制一个长方形并填充颜色，如图 2-9-21 所示。框选纹样图案放置在长方形上，并右击选顺序设置到前面，如图 2-9-22 所示。

（11）用 【贝塞尔工具】绘制一条直线，单击工具栏中的 【轮廓笔工具】把线段加

图 2-9-21

粗并设置颜色为"白色",如图2-9-22所示。

(12)点选白色线段,单击左键拖动不放按右键复制,如图2-9-23所示。将绘制好的二方连续纹样命名后🖫【保存】。

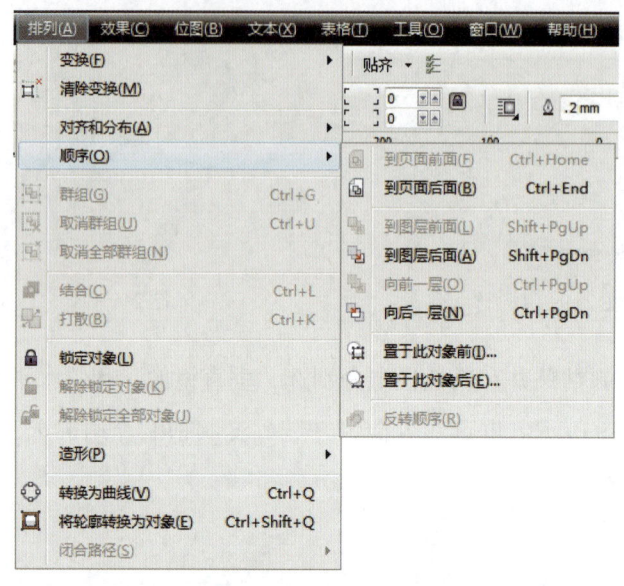

图 2-9-22

图 2-9-23

◎ 课后练习

根据图2-9-23绘制二方连续纹样,要求纹样美观且装饰性强。课后自行设计一款上下延伸的二方连续纹样,结合流行色进行三套色彩搭配设计,并保存后命名。

◎ **学习评价**

二方连续纹样的绘制评价表

评分项目	评分要点	分值	自评	互评	师评	第三方评价	备注
图案造型	二方连续纹样图案美观，图案整体造型流畅、衔接自然	30					
图案比例	比例大小协调	20					
色彩搭配	色彩搭配协调	20					
软件应用能力	图形与图像处理软件结合使用，绘图表现能力强	10					
整体效果	纹样富于节奏感，整体效果完整	15					
完成时间	在规定的时间内完成	5					
	合计	100					

任务十　四方连续纹样的绘制

四方连续纹样的绘制

一、任务导入

完成四方连续纹样效果图的绘制，如图 2-10-1 所示。

二、任务要求

（1）熟练使用 CorelDRAW X4 软件绘制四方连续纹样的单位纹样。

（2）熟练使用 CorelDRAW X4 软件完成色彩的搭配。

三、任务实施

图 2-10-1　四方连续纹样的效果图

四方连续纹样的绘制步骤

（1）单击【矩形工具】绘制一个矩形，单击【填充工具】填充颜色，如图 2-10-2 所示。

（2）单击【矩形工具】绘制一个新的矩形，并单击对象出现旋转图标进行旋转，利用【填充工具】填充颜色，如图 2-10-3 所示。单击【椭圆形工具】绘制一个椭圆形并填充颜色为"绿色"。如图 2-10-4 所示。在【菜单栏】→【窗口】→【泊坞窗】→【变换】→【旋转】→【输入角度90】→【应用到再制】，沿着中心点复制3个对象，完成整个花卉图案，如图 2-10-5 所示。

（3）单击工具箱中的 【椭圆形工具】绘制一个圆形，单击工具箱中 【底纹填充工具】填充颜色为"褐色"，如图2-10-6所示。

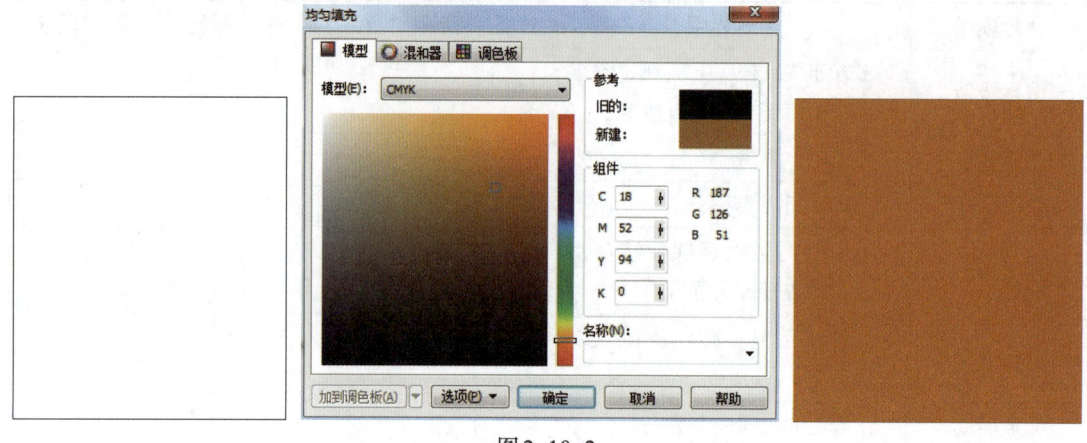

图2-10-2

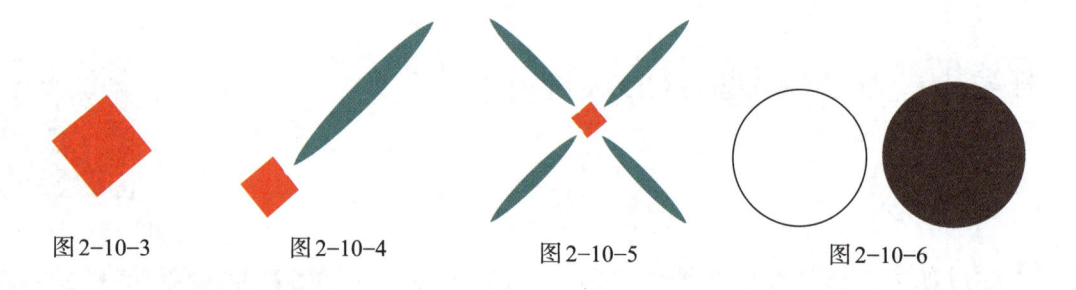

图2-10-3　　　图2-10-4　　　图2-10-5　　　图2-10-6

（4）单击工具箱中的 【贝塞尔工具】绘制花瓣，单击工具箱的 【底纹填充工具】颜色为"黑色"。双击花瓣图案中间出现一个小圆点，按住左键拖动小圆点放置至黑色圆形中心点，在【菜单栏】→【窗口】→【泊坞窗】→【变换】→【旋转】→【输入角度90】→【应用到再制】，沿着中心点复制3个对象，完成花卉图案，如图2-10-7所示。

（5）单击工具箱中的 【贝塞尔工具】绘制一个小花瓣，单击工具箱的 【底纹填充工具】颜色为"黑色"。按住左键将对象移动缩小，单击右键复制一个小花瓣并填充为"白

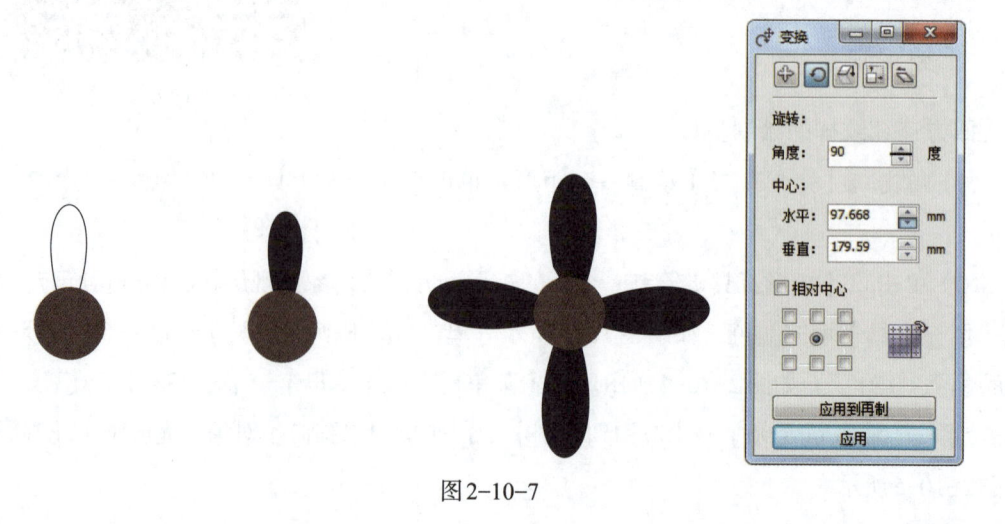

图2-10-7

色",在【菜单栏】→【窗口】→【泊坞窗】→【变换】→【旋转】→【输入角度90】→【应用到再制】,沿着中心点复制3个对象,完善整个花卉图案,如图2-10-8所示。

(6)框选两个花瓣,按快捷键"F12",轮廓笔设置为1.5cm,最后效果如图2-10-9所示。

(7)单击工具箱中的【贝塞尔工具】在大花瓣上再加个绿色花瓣,单击工具箱的【底纹填充工具】填充颜色为"绿色",单击右键选顺序放置到后部。单击对象中间出现小圆点,单击小圆点不松移动至花卉图案中心点,在【菜单栏】→【窗口】→【泊坞窗】→【变换】→【旋转】→【输入角度90】→【应用到再制】,沿着花卉图案中心点复制3个对象,完善整个花卉图案,效果如图2-10-10所示。

图2-10-8

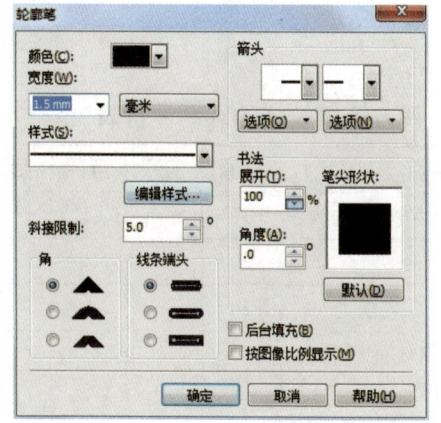

图2-10-9   图2-10-10

(8)框选两个花卉图形,按住左键移动对象,单击右键复制,移动到所需要的位置再按【Ctrl】+【r】复制多个花卉图案,完成第一组花卉图案。再选其中一个花卉图案按照以上方法复制多个花卉图案,完成第二组花卉图案,其他的图案绘制以此类推,最终完成整个四方连续纹样,如图2-10-11所示。

(9)单击【矩形工具】绘制一个矩形并填充颜色为"棕色",框选四方连续纹样,在【菜单栏】→【效果】→【图框精确裁剪】→【放置在容器中】,将四方连续纹样放置在棕色矩形中,如图2-10-12所示。将绘制好的四方连续纹样命名后【保存】。

图 2-10-11　　　　　　　　　　　　　　　图 2-10-12

◎ 课后练习

根据图 2-10-12 绘制四方连续纹样，要求造型严谨生动，连续效果协调，将其应用于具体的服装当中，绘制并保存命名好。

◎ 学习评价

四方连续纹样的绘制评价表

评分项目	评分要点	分值	自评	互评	师评	第三方评价	备注
图案造型	四方连续纹样造型美观自然	30					
图案比例	比例大小协调	20					
色彩搭配	色彩搭配合理，有表现力	20					
软件应用能力	图形与图像处理软件结合使用，绘图表现能力强	10					
整体效果	纹样节奏均匀，韵律统一，整体感强	15					
完成时间	在规定的时间内完成	5					
	合计	100					

项目三 牛仔服装面料的表现技法

◎ **项目概述**

牛仔服装因具有耐磨、挺括、穿着舒适等独特魅力而长盛不衰。随着洗水技术的进步及新型助剂的开发,牛仔服装面料洗水整理工艺有了较大的发展。牛仔服装水洗整理工艺由传统的漂洗、石磨发展到酶洗、石磨、猫须、破坏洗、普洗和雪花洗等,当今较为流行的牛仔面料处理工艺有纤维素酶石磨整理、生物抛光整理和纯棉服装的免烫整理等,可赋予牛仔面料独特的外观与风格,从而提高牛仔服装的附加值和经济效益。

本项目根据任务要求,运用CorelDRAW X4软件进行猫须、破坏洗、普洗和雪花洗的绘制,主要培养学习者能够运用电脑辅助设计软件绘制牛仔服装洗水效果的能力。

◎ **思维导图**

```
任务一:猫须牛仔服装面料的绘制                    任务三:普洗+磨砂牛仔服装面料的绘制
                    \                      /
                     牛仔服装面料的表现技法
                    /                      \
任务二:破坏洗牛仔服装面料的绘制                  任务四:雪花洗牛仔服装面料的绘制
```

◎ **学习目标**

学习目标	知识目标	1.掌握CorelDRAW X4软件绘制牛仔服装洗水面料时相关工具的使用方法与技巧 2.了解CorelDRAW X4软件不同的填色方法与技巧 3.掌握CorelDRAW X4软件"画笔"制作的方法与技巧
	技能目标	1.能使用CorelDRAW X4软件绘制猫须 2.会使用CorelDRAW X4软件绘制破坏洗 3.会使用CorelDRAW X4软件绘制普洗 4.能熟练使用CorelDRAW X4软件绘制雪花洗
	情感目标	1.通过学习猫须、破坏洗、普洗和雪花洗的绘图技法,体验学习的成就感,培养学生对专业的热爱 2.通过绘制牛仔服装洗水细节,培养学生精益求精的工匠精神 3.培养学生对软件的学习兴趣,培养学生的造型能力、审美能力和创造性思维能力

任务一　猫须牛仔服装面料的绘制

一、任务导入

完成猫须牛仔服装面料效果图的绘制，如图3-1-1所示。

猫须牛仔服装面料的绘制

二、任务要求

（1）熟练使用CorelDRAW X4软件绘制猫须牛仔服装面料，色彩搭配合理。

（2）熟练掌握CorelDRAW X4软件艺术笔的绘制方法。

（3）熟练使用CorelDRAW X4软件表现猫须牛仔服装面料的效果。

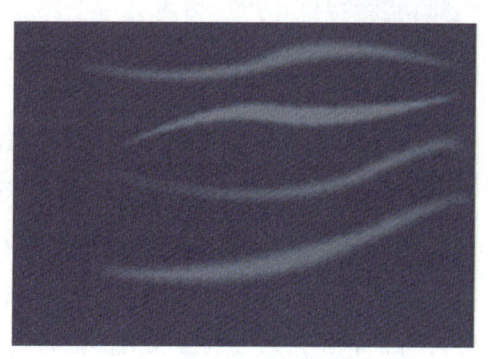

图3-1-1　猫须牛仔服装面料的效果图

三、任务实施

猫须牛仔服装面料的绘制步骤

（1）单击工具箱中【矩形工具】绘制一个矩形，鼠标左键单击调色板中的"蓝色"，为矩形填充"蓝色"，右键单击调色板上方的【×】，隐藏轮廓，完成蓝色矩形图形效果，如图3-1-2所示。

（2）单击工具箱中【贝塞尔工具】绘制一条线，框选线条按住左键移动对象，单击右键复制一条线。选择工具箱中的【交互式调和工具】，鼠标左键选择第一条线段，从第一条线段上拖拉至第二条线段上，在两个对象之间建立调和效果，在属性栏中的将步长数设置为【20】（提示：步长数的多少根据面料设计需要来设置），效果如图3-1-3所示。

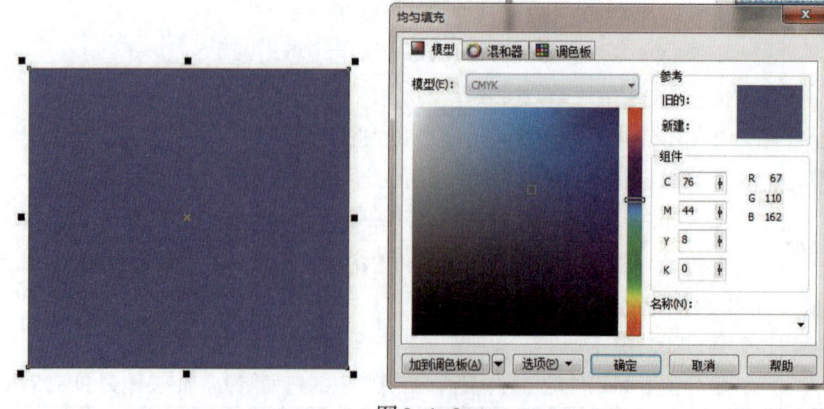

图3-1-2

图 3-1-3

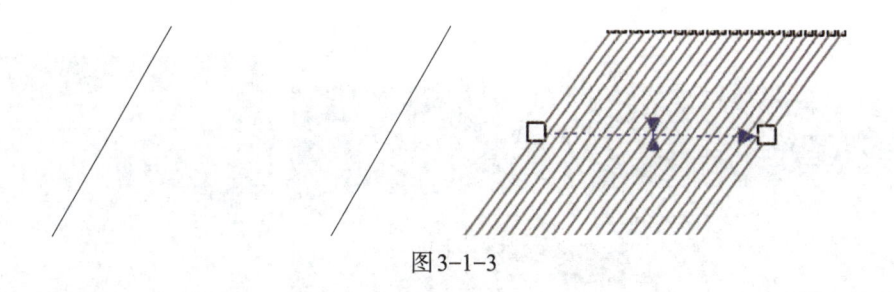

（3）把图形放大到一定大小，执行菜单栏中的【效果】→【图框精确剪裁】→【放置容器中】命令，单击蓝色矩形，把线条组对象填入矩形，绘制牛仔服装面料纹理效果，如图 3-1-4 所示。

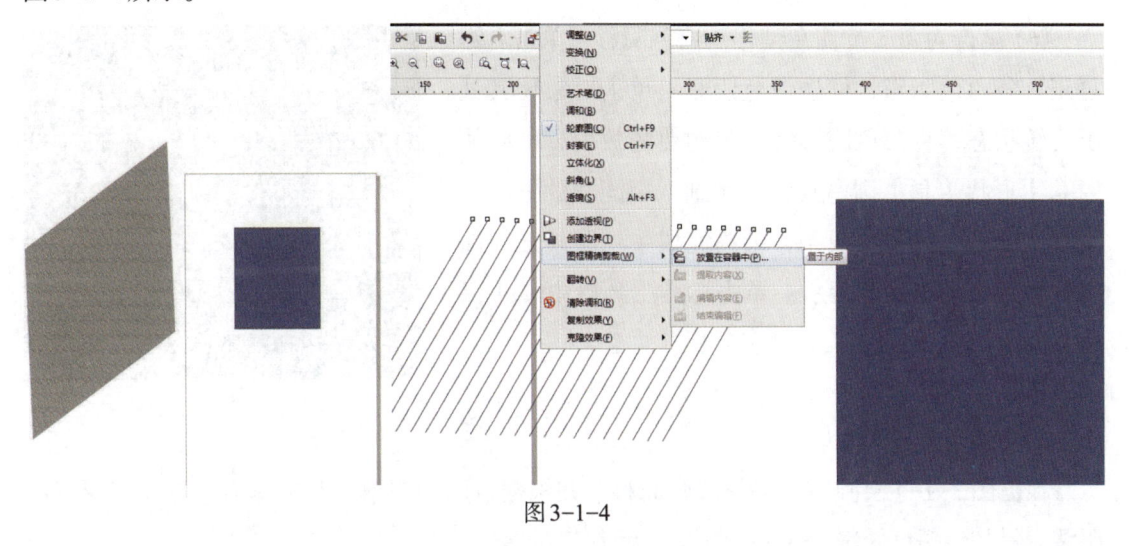

图 3-1-4

（4）单击工具箱中【贝塞尔工具】绘制一条弧形，填充颜色为"黑色"，并用【交互式阴影工具】拖出阴影，如图 3-1-5 所示。

图 3-1-5

（5）阴影颜色设置为"黑色"，选择属性栏中【透明度操作】，设置颜色为"白色"阴影，再单击右键【打散阴影群组】，并把黑色弧形删除留下白色阴影，如图 3-1-6 所示。

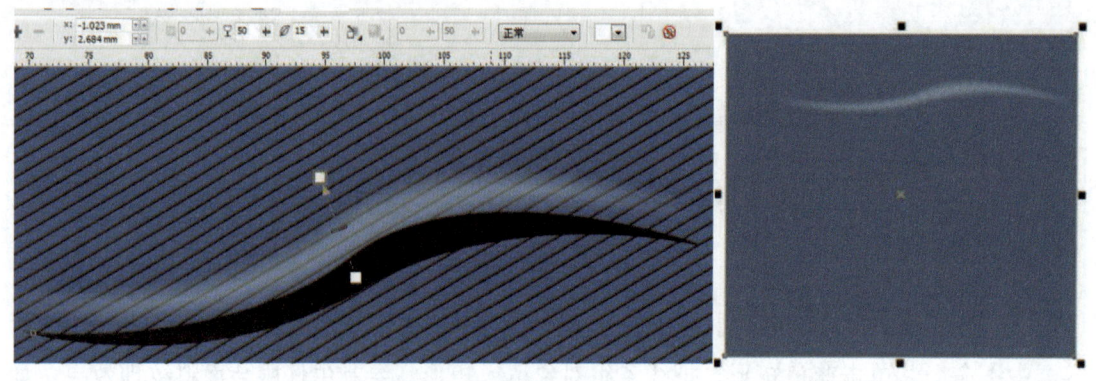

图3-1-6

(6) 框选对象，按住左键移动白色阴影，单击右键复制一条白色阴影，框选白色阴影，单击对象使其处于旋转状态，将白色阴影旋转成想要的效果，同时使用 【形状工具】调整其大小粗细，用同样的方法绘制其他猫须白色阴影线条，最终完成牛仔服装猫须面料效果，如图3-1-7所示。单击标准工具栏中 【保存】，将绘制好的猫须面料命名后保存。

图3-1-7

◎ 课后练习

根据图3-1-7绘制猫须牛仔服装面料，并根据自己的想象力与创作力，设计猫须牛仔服装面料其他颜色的洗水效果，并保存后命名。

要求：

(1) 体现猫须牛仔服装面料效果的自然美观性；

(2) 软件使用熟练，能快速完成猫须面料效果；

(3) 绘制完成后，分别存储".EPS"和".JPG"两种格式的文件。

◎ 学习评价

猫须牛仔服装面料的绘制评价表

评分项目	评分要点	分值	自评	互评	师评	第三方评价	备注
面料效果	面料肌理效果生动	30					
猫须比例	比例大小协调	20					
猫须效果	牛仔服装猫须洗水效果自然美观	20					
软件应用能力	图形与图像处理软件结合使用，绘图表现能力强	10					
整体效果	美观自然、效果完整	15					

续表

评分项目	评分要点	分值	自评	互评	师评	第三方评价	备注
完成时间	在规定的时间内完成	5					
	合计	100					

任务二　破坏洗牛仔服装面料的绘制

破坏洗牛仔服装面料的绘制

一、任务导入

完成破坏洗牛仔服装面料最终完成的效果图，如图3-2-1所示。

二、任务要求

（1）熟练使用CorelDRAW X4软件绘制破坏洗牛仔服装面料，色彩搭配合理。

（2）熟练使用CorelDRAW X4软件的艺术笔工具。

（3）熟练使用CorelDRAW X4软件表现破坏洗牛仔服装面料的效果。

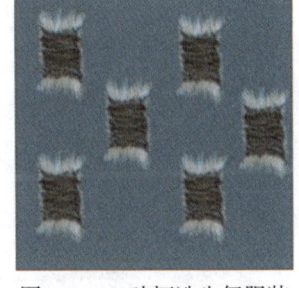

图3-2-1　破坏洗牛仔服装面料的效果图

三、任务实施

破坏洗牛仔服装面料的绘制步骤

（1）单击工具箱中的【矩形工具】绘制一个矩形，单击工具箱中的【填充工具】中的均匀填充，填充颜色为"蓝色"，右键在调色板上方的【×】单击，隐藏轮廓，完成蓝色矩形图形效果，如图3-2-2所示。

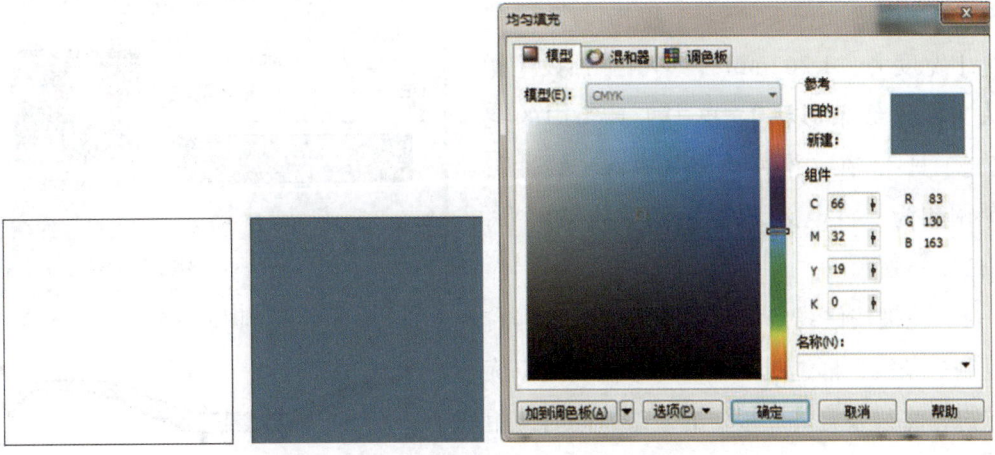

图3-2-2

（2）单击工具箱中的 【贝塞尔工具】绘制一条线，框选线条，按住左键移动对象不放，单击右键复制一条线。选择工具箱中的 【交互式调和工具】，单击鼠标左键选择第一条线段，从第一条线段上拖拉至第二条线段上，在两个对象之间建立调和效果，在属性栏中的 将步长数设置为【20】（提示：步长数的多少根据面料设计需要来设置），如图3-2-3所示。

（3）把图形放大到一定大小，执行菜单栏上的【效果】→【图框精确剪裁】→【放置容器】，单击蓝色矩形，把线条组对象置入矩形，绘制牛仔服装面料纹理效果，如图3-2-4所示。

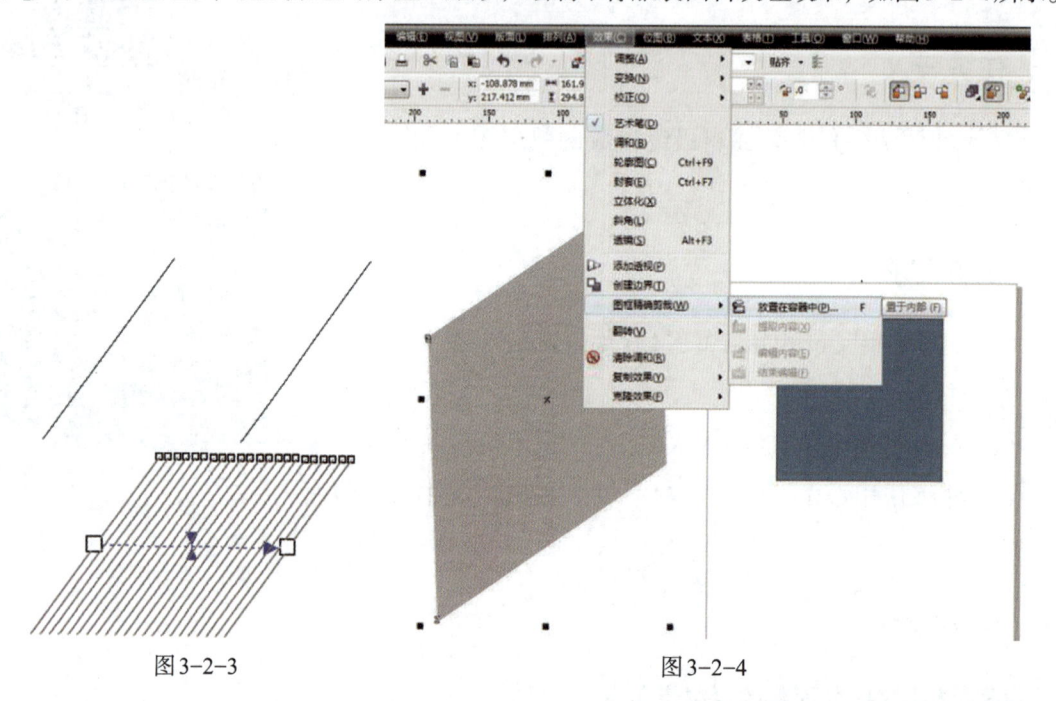

图3-2-3　　　　　　　　　　图3-2-4

（4）单击工具箱中的 【渐变填充工具】，选渐变填充类型为"线性"，如图3-2-5所示。单击工具箱中的 【艺术笔工具】，在属性栏中 单击【设置艺术笔】宽度为"4.262mm"，单击【预设笔触列表】→【线条形状】。单击工具箱中的 【填充工具】，在"渐变填充"中选"线性"，颜色调和为"自定义"，绘制渐变线条效果，如图3-2-6所示。

（5）左键按住线条移动对象不放，单击右键复制一条线，框选线条单击对象使其处于旋转状态，将线条旋转成想要的效果，同时使用 【形状工具】调整其大小粗细，用同样的方

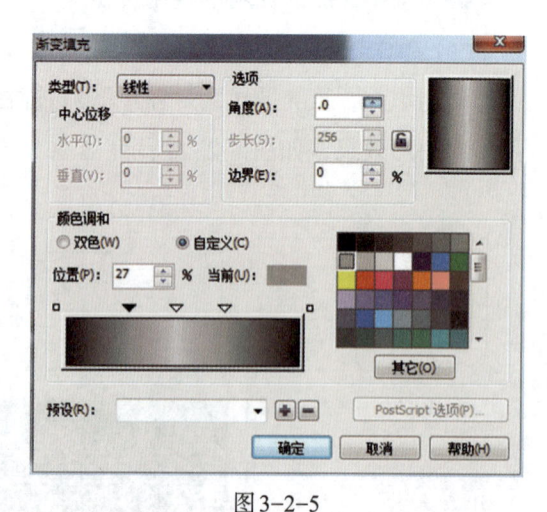

图3-2-5

图3-2-6

法绘制其他渐变线条，最终完成渐变线条效果，如图3-2-7所示。

（6）单击工具箱中的 【艺术笔工具】，在属性栏中单击 【笔刷按钮】→【笔触列表】→【笔触形状】 设置，绘制多条蓝色毛茸茸的线条，如图3-2-8所示。框选所有蓝色毛茸茸的线条，单击工具箱中的 【渐变填充工具】，将其渐变填充成毛边的效果，如图3-2-9所示。

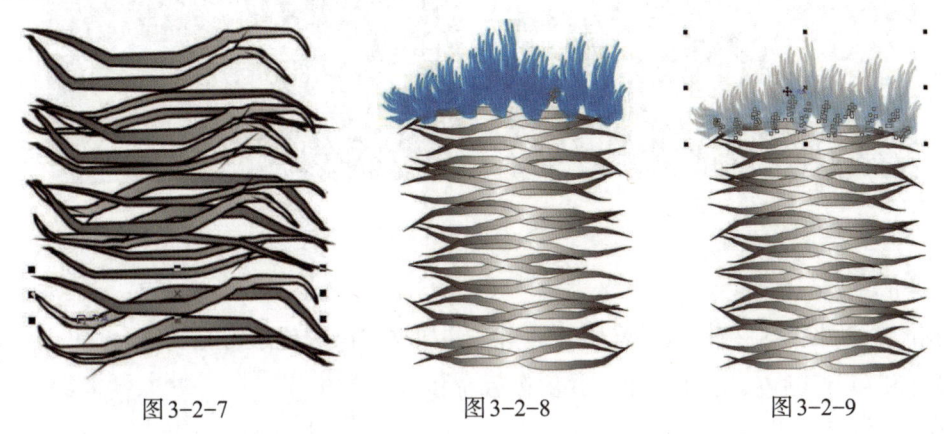

图3-2-7　　　　　　图3-2-8　　　　　　图3-2-9

（7）框选所有毛边，左键按住对象不放移动它，单击右键复制毛边到底部，单击属性栏中 【垂直镜像】进行垂直镜像，如图3-2-10所示。

（8）框选毛边，左键按住对象不放移动它，单击右键复制毛边到左侧，单击对象使其处于旋转状态，旋转并复制多个毛边放置在左侧排列，如图3-2-11所示。框选左侧所有的毛边，拖动缩小毛边（如果要均匀缩放，在拖动时按住Shift键），然后左键按住对象不放，单击右键复制左侧整个毛边，在属性栏中单击 【水平镜像】进行水平镜像，完成毛边效果，如图3-2-12所示。

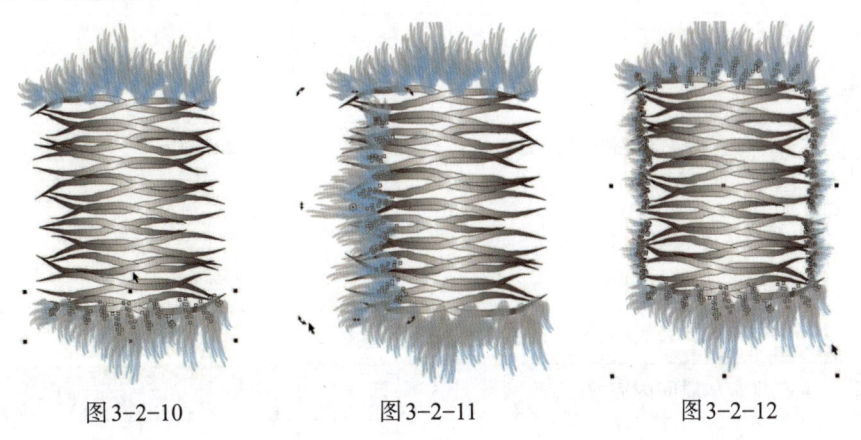

图3-2-10　　　　　　图3-2-11　　　　　　图3-2-12

（9）选中全部毛边，在毛边的四个角有小黑块，按住【Shift】键拖动缩小毛边放置在牛仔服装面料中，如图3-2-13所示，左键按住毛边移动不放，单击右键复制毛边，用同样的方法绘制4个毛边，最终完成牛仔服装破坏洗面料效果，如图3-2-14所示，单击标准工具栏中 【保存】，将绘制好的破坏洗面料命名后保存。

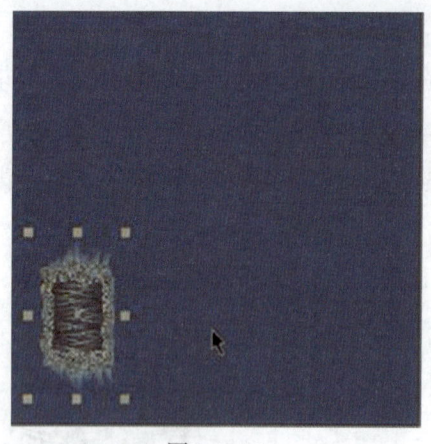

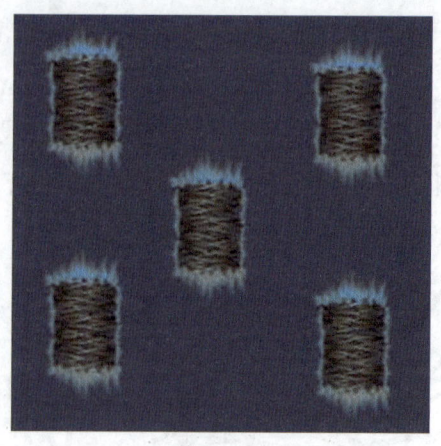

图 3-2-13　　　　　　　　　　　　　　　图 3-2-14

◎ **课后练习**

根据图 3-2-14 绘制破坏洗牛仔服装面料，并根据自己的想象力与创作力，设计破坏洗牛仔服装面料其他颜色的洗水效果，并保存后命名。

要求：

（1）体现破坏洗面料的自然美观性；

（2）软件使用熟练，快速绘图能力强；

（3）绘制完成后，分别存储".EPS"和".JPG"两种格式的文件。

◎ **学习评价**

破坏洗牛仔服装面料的绘制评价表

评分项目	评分要点	分值	自评	互评	师评	第三方评价	备注
面料效果	面料肌理效果有牛仔效果	30					
破坏洗比例	比例大小协调	20					
破坏洗效果	牛仔服装破坏洗洗水效果自然美观	20					
软件应用能力	图形与图像处理软件结合使用，绘图表现能力强	10					
整体效果	美观自然、效果完整	15					
完成时间	在规定的时间内完成	5					
合计		100					

任务三　普洗+喷砂牛仔服装面料的绘制

一、任务导入

完成普洗+喷砂牛仔服装面料的效果图，如图3-3-1所示。

二、任务要求

（1）熟练使用CorelDRAW X4软件绘制牛仔面料，色彩搭配合理。

（2）熟练掌握CorelDRAW X4软件艺术笔的绘制方法。

（3）熟练使用CorelDRAW X4软件绘制普洗+喷砂牛仔服装面料的效果。

普洗+喷砂牛仔服装面料的绘制

图3-3-1　普洗喷砂+牛仔服装面料的效果图

三、任务实施

普洗+喷砂牛仔服装面料的绘制步骤

（1）单击工具箱中的【矩形工具】绘制一个正方形或长方形，单击工具箱中的【填充工具】填充颜色为"蓝色"，完成蓝色矩形图形，如图3-3-2所示。

（2）单击工具箱中的【贝塞尔工具】绘制一条线，框选线条，按住鼠标左键移动对

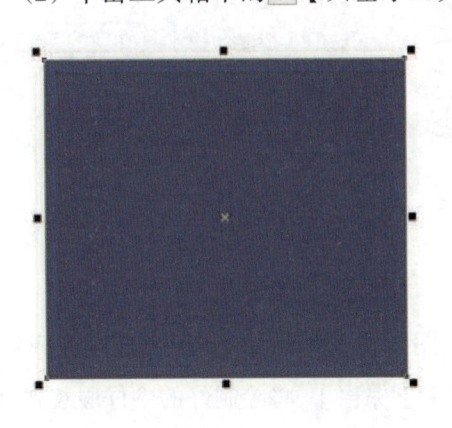

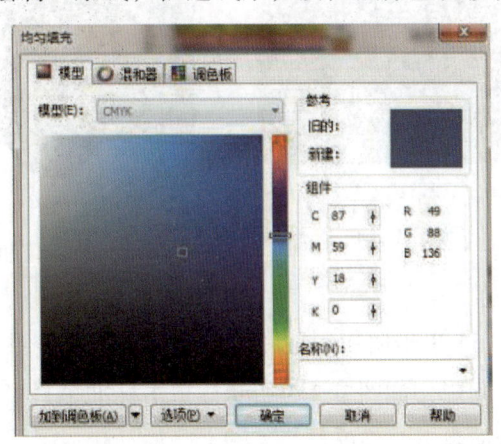

图3-3-2

象不放，单击右键复制一条线，再单击工具箱中的【交互式调和工具】，从第一条线处拖至第二条线处，在属性栏中的 20 将步长数设置为【20】（提示：步长数的多少根据面料设计需要来设置），如图3-3-3所示。

（3）把图形放大到一定大小，在【菜单栏】→【效果】→【图框精确剪裁】→【放置容器中】单击蓝色矩形图形，绘制牛仔服装面料纹理效果，如图3-3-4所示。

图 3-3-3　　　　　　　　　　　　　　　　图 3-3-4

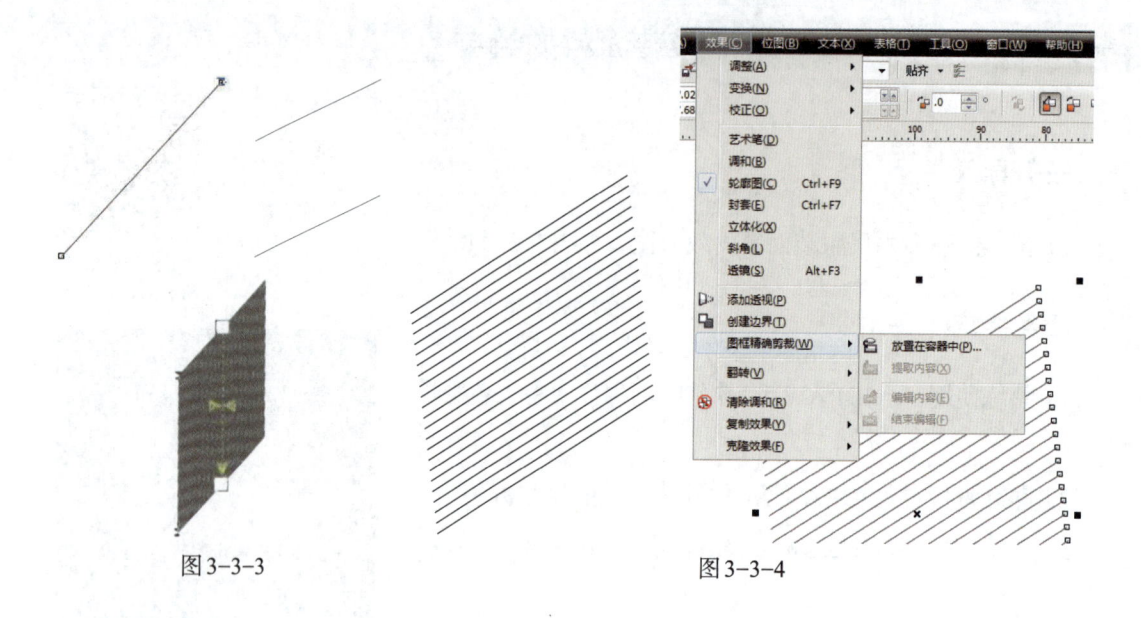

（4）单击工具箱中的 ◎【椭圆形工具】绘制一个椭圆并放置在牛仔服装面料上，如图 3-3-5 所示，单击工具箱中的 【智能填充工具】填充颜色为"黑色"，如图 3-3-6 所示。单击工具箱中的 【交互式阴影工具】拖出阴影，如图 3-3-7 所示。

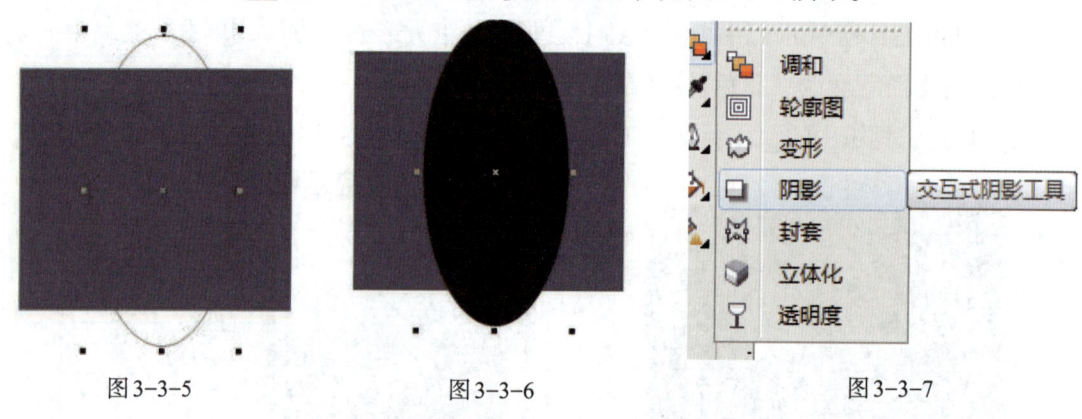

图 3-3-5　　　　　　　　　图 3-3-6　　　　　　　　　图 3-3-7

（5）单击阴影，按右键选"打散阴影群组"，如图 3-3-8 所示。单击黑色椭圆形删除它留下阴影，如图 3-3-9 所示。单击标准工具栏中的 【保存】，将绘制好的牛仔服装普洗+喷砂面料命名后保存。

◎ 课后练习

根据图 3-3-9 绘制普洗+喷砂牛仔服装面料效果，并根据自己的想象力与创作力，设计牛仔普洗+喷砂其他颜色的洗水面料效果，并保存后命名。

要求：

（1）体现牛仔服装普洗+喷砂面料洗水效果的自然美观性；

（2）软件使用熟练，快速绘图能力强；

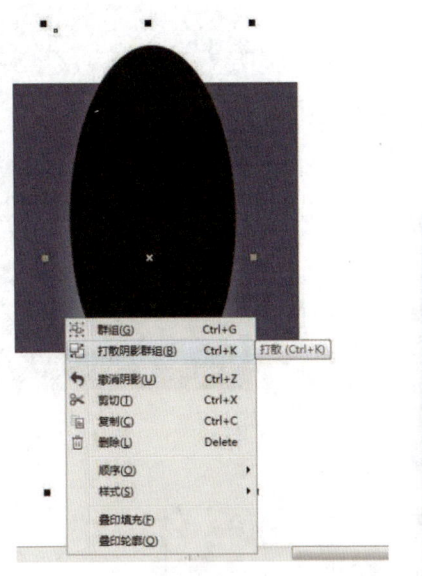

图 3-3-8　　　　　　　　　　　　　　图 3-3-9

（3）绘制完成后，分别存储".EPS"和".JPG"两种格式的文件。

◎ 学习评价

普洗+喷砂牛仔服装面料的绘制评价表

评分项目	评分要点	分值	自评	互评	师评	第三方评价	备注
面料效果	面料肌理效果有牛仔效果	30					
普洗+喷砂的比例	比例大小协调	20					
普洗+喷砂的效果	普洗+喷砂牛仔服装洗水效果自然美观	20					
软件应用能力	图形与图像处理软件结合使用，绘图表现能力强	10					
整体效果	美观自然、效果完整	15					
完成时间	在规定的时间内完成	5					
	合计	100					

任务四　雪花洗牛仔服装面料的绘制

一、任务导入

完成雪花洗牛仔服装面料效果图的绘制，如图 3-4-1 所示。

雪花洗牛仔服装面料的绘制

二、任务要求

（1）熟练使用CorelDRAW X4软件绘制雪花洗牛仔服装面料，色彩搭配合理。

（2）熟练掌握CorelDRAW X4软件艺术笔的绘制方法。

（3）熟练使用CorelDRAW X4软件表现雪花洗牛仔服装面料的效果。

图3-4-1　雪花洗牛仔服装的效果图

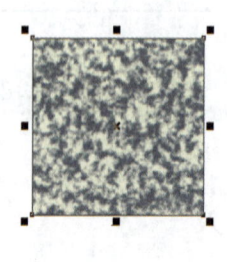

三、任务实施

雪花洗牛仔服装面料的绘制步骤

（1）单击工具箱中的【矩形工具】绘制一个正方形，如图3-4-2所示。单击工具箱中的【交互式填充工具】选择填充器填充颜色为"蓝色"，如图3-4-3所示。

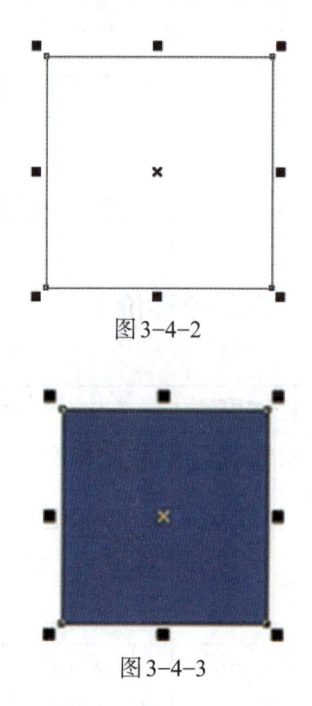

（2）单击工具箱中的【矩形工具】绘制一个正方形，再单击工具箱中的【填充工具】选"底纹填充"对话框选择 样本6 中的 废气，完成牛仔服装雪花洗面料底纹效果，如图3-4-4所示。

（3）单击工具箱中的【贝塞尔工具】绘制一条线，框选线条左键按住鼠标移动对象不松，单击右键复制一条线，再单击工具箱中的【交互式调和工具】，从第一条线处拖至第二条线处，在属性栏中的 20 将步长数设置为【20】（提示：步长数的多少根据面料设计

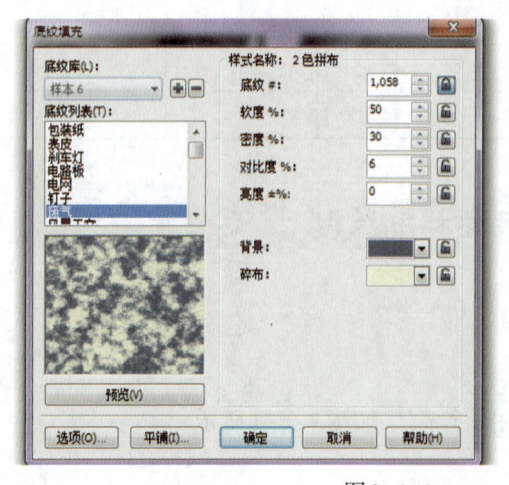

图3-4-2

图3-4-3

图3-4-4

需要来设置),如图3-4-5所示。

(4)把图形放大到一定大小,在【菜单栏】→【效果】→【图框精确剪裁】→【放置容器中】单击蓝色方形图形,绘制出牛仔服装面料纹理效果,如图3-4-6所示。

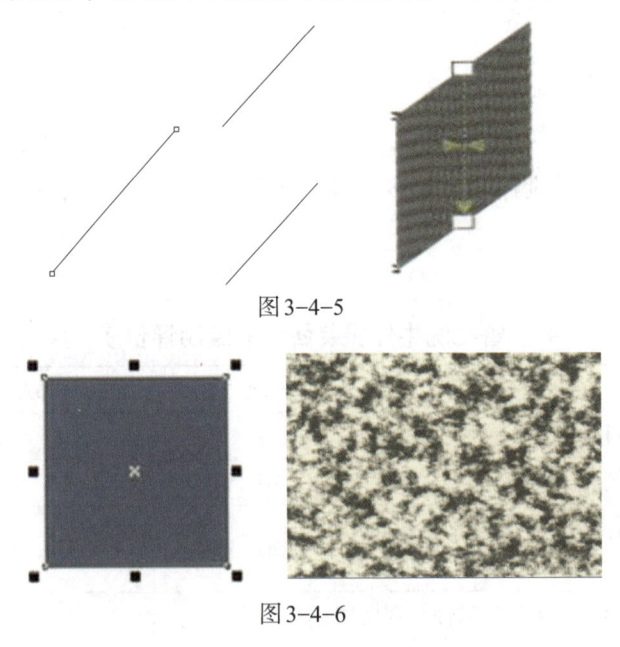

图 3-4-5

图 3-4-6

(5)框选蓝色牛仔服装面料,把图形放在牛仔服装雪花洗面料底纹的前面。方法一:【菜单栏】→【排列】→【顺序】→【到图层前面】;方法二:按快捷键【Shift】+【Pgup】;方法三:单击右键中的顺序到图层前面,如图3-4-7所示。

(6)把两个正方形重合,单击工具箱中的【透明度工具】,形成牛仔布的效果,如图3-4-8所示。单击标准工具栏中的【保存】,将绘制好的雪花洗牛仔面料命名后保存。

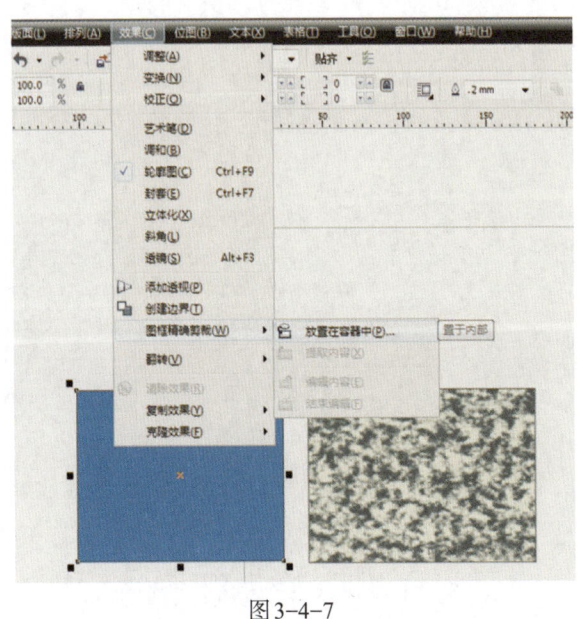

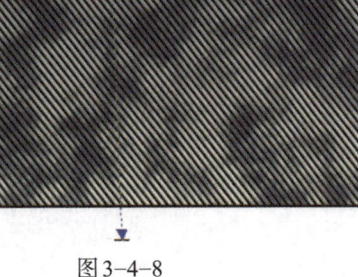

图 3-4-7

图 3-4-8

◎ 课后练习

根据图3-4-8绘制雪花洗牛仔服装面料,并根据自己的想象力与创作力,设计雪花洗牛仔服装面料其他颜色的洗水效果,并保存命名好。

要求:

(1)体现雪花洗牛仔服装面料效果的自然美观性;

(2)软件使用熟练,快速绘图能力强;

(3)绘制完成后,分别存储".EPS"和".JPG"两种格式的文件。

◎ 学习评价

雪花洗牛仔服装面料的绘制评价表

评分项目	评分要点	分值	自评	互评	师评	第三方评价	备注
面料效果	面料肌理效果有牛仔效果	30					
雪花洗比例	比例大小协调	20					
雪花洗效果	牛仔服装雪花洗洗水效果自然美观	20					
软件应用能力	图形与图像处理软件结合使用,绘图表现能力强	10					
整体效果	美观自然、效果完整	15					
完成时间	在规定的时间内完成	5					
	合计	100					

项目四
牛仔服饰配件的表现技法

◎ **项目概述**

牛仔服饰配件是除面料外，扩展服装功能和装饰服装的必不可少元件。牛仔服装辅料包括：标签、拉链、纽扣、耳环、织带、吊牌、饰品、钩扣、皮毛、商标、线绳、填充物、塑料配件、金属配件、包装盒袋、印标条码及其他相关配件。

所有这些牛仔服饰配件，无论对与服装的内在质量，还是外在质量都有着重要影响。

一套好的牛仔服装设计，辅料往往起到很大的作用。牛仔服饰配件搭配得好，可起到画龙点睛、事半功倍的效果。

本项目根据任务要求，运用CorelDRAW软件绘制牛仔服装辅料的技能，主要培养学习者能够运用计算机辅助设计软件绘制牛仔服装辅料的绘制方法，为以后从事服装设计工作打下良好的计算机绘图基础。

◎ **思维导图**

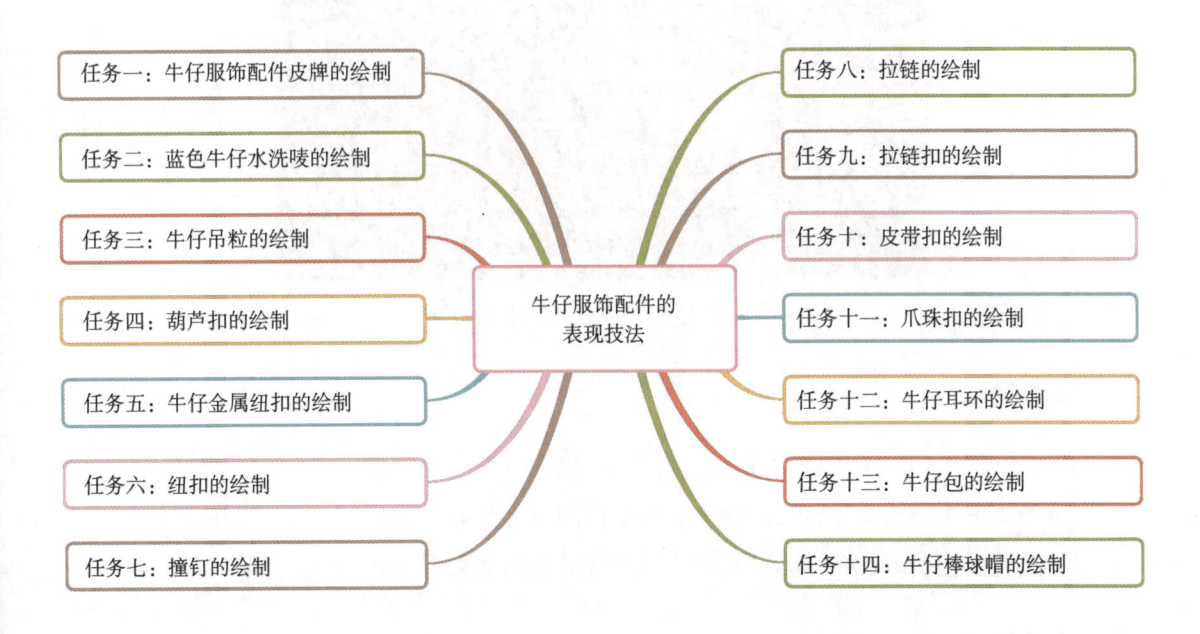

左侧	中心	右侧
任务一：牛仔服饰配件皮牌的绘制		任务八：拉链的绘制
任务二：蓝色牛仔水洗唛的绘制		任务九：拉链扣的绘制
任务三：牛仔吊粒的绘制		任务十：皮带扣的绘制
任务四：葫芦扣的绘制	牛仔服饰配件的表现技法	任务十一：爪珠扣的绘制
任务五：牛仔金属纽扣的绘制		任务十二：牛仔耳环的绘制
任务六：纽扣的绘制		任务十三：牛仔包的绘制
任务七：撞钉的绘制		任务十四：牛仔棒球帽的绘制

◎ 学习目标

学习目标	知识目标	1.了解服装牛仔服饰配件的表现技巧 2.了解CorelDRAW X4软件不同的填色方法与技巧 3.掌握CorelDRAW X4软件"画笔"制作的方法与技巧
	技能目标	1.能使用CorelDRAW X4软件绘制牛仔服饰配件皮牌、吊粒和葫芦扣的绘制技巧 2.会使用CorelDRAW X4软件绘制金属钉钮、扣子和撞钉的绘制方法 3.会使用CorelDRAW X4软件绘制拉链、拉链扣、皮带扣和爪珠扣的绘制方法 4.能熟练使用CorelDRAW X4软件绘制牛仔耳环、牛仔包、牛仔棒球帽的绘制技巧
	情感目标	1.培养学生具有设计师精益求精和追求卓越的工匠精神 2.培养学生按设计师规范程序进行操作的职业习惯 3.帮助学生树立高效的时间观念，养成良好的习惯 4.通过小组合作，培养学生的团队合作意识和创新能力

任务一　牛仔服饰配件皮牌的绘制

一、任务导入

完成牛仔服饰配件皮牌的效果图，如图4-1-1所示。

牛仔服饰配件
皮牌的绘制

图4-1-1　牛仔服饰配件皮牌的效果图

二、任务要求

（1）熟练使用CorelDRAW X4软件掌握底纹填充的选择与应用。

（2）熟练使用CorelDRAW X4软件进行字体的设计与调整应用。

（3）熟练使用CorelDRAW X4软件绘制皮牌的成品效果。

三、任务实施

牛仔服饰配件皮牌的绘制步骤

（1）单击工具箱中的 【矩形工具】绘制一个长方形，单击工具箱中的"底纹填充"对话框选择样式中的"2色矿纹斑"单击确定，完成皮牌底纹图效果，如图4-1-2所示。

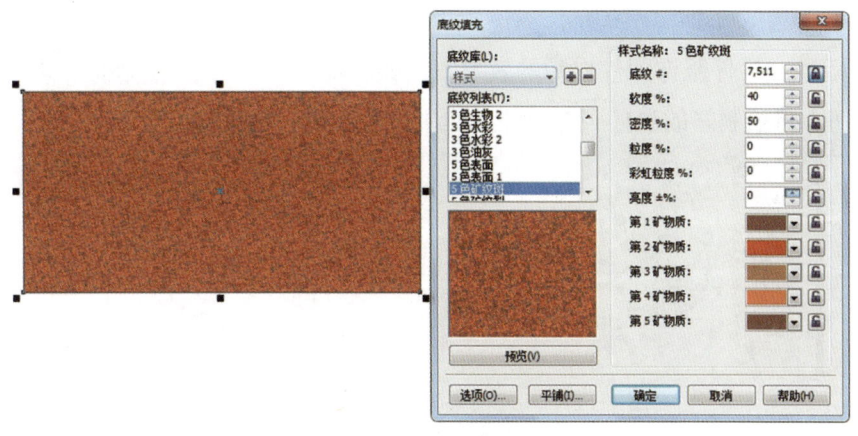

图 4-1-2

（2）单击工具箱中的 字【文本工具】，设置字体为"宋体"，大小为"72pt"，输入字母为"JZ"，如图 4-1-3 所示。

（3）单击工具箱中的 字【文本工具】，选择字体为"Vladimir Script"，大小为"24pt"并输入英文字体，如图 4-1-4 所示。

图 4-1-3　　　　　　　　　　　图 4-1-4

（4）单击工具箱中的 字【文本工具】，选择字体为宋体，大小为"24pt"并输入英文字体，如图 4-1-5 所示。

（5）将字体放到皮牌底纹图上，如图 4-1-6 所示。

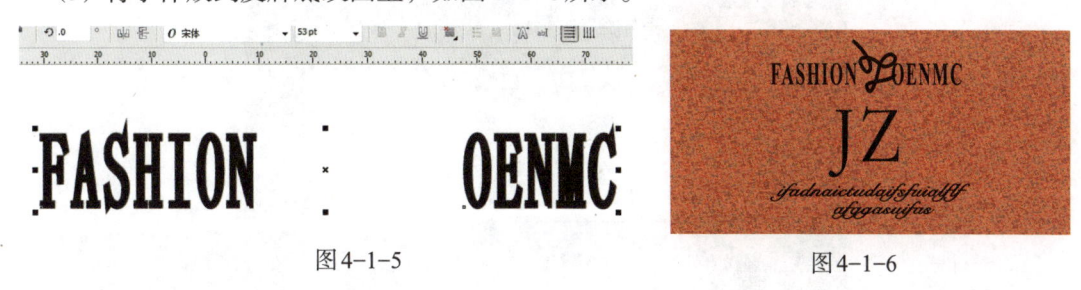

图 4-1-5　　　　　　　　　　　图 4-1-6

（6）单击工具箱中的 【贝塞尔工具】绘制花卉图案，如图 4-1-7 和图 4-1-8 所示。

（7）选择图 4-1-7 的图案，单击 【轮廓笔工具】设置轮廓笔颜色为"黑色"，轮廓笔宽度为"0.2mm"，如图 4-1-9 所示。

（8）选择图 4-1-8 图案，单击 【轮廓笔工具】设置轮廓笔颜色为"黑色"，轮廓笔宽度为"0.706mm",如图4-1-10所示。

(9)最后完成牛仔服饰配件皮牌的效果图,如图4-1-11所示。在标准工具栏中单击 按钮,将绘制好的牛仔服饰配件皮牌命名后保存。

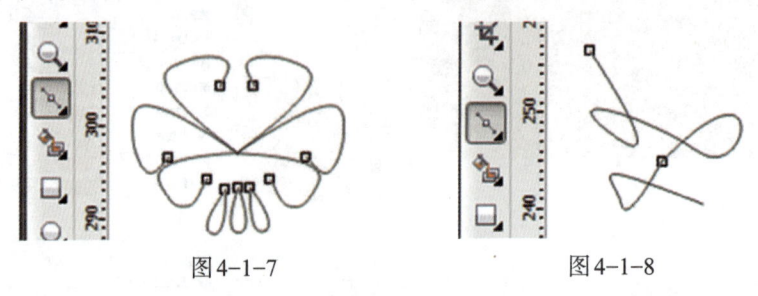

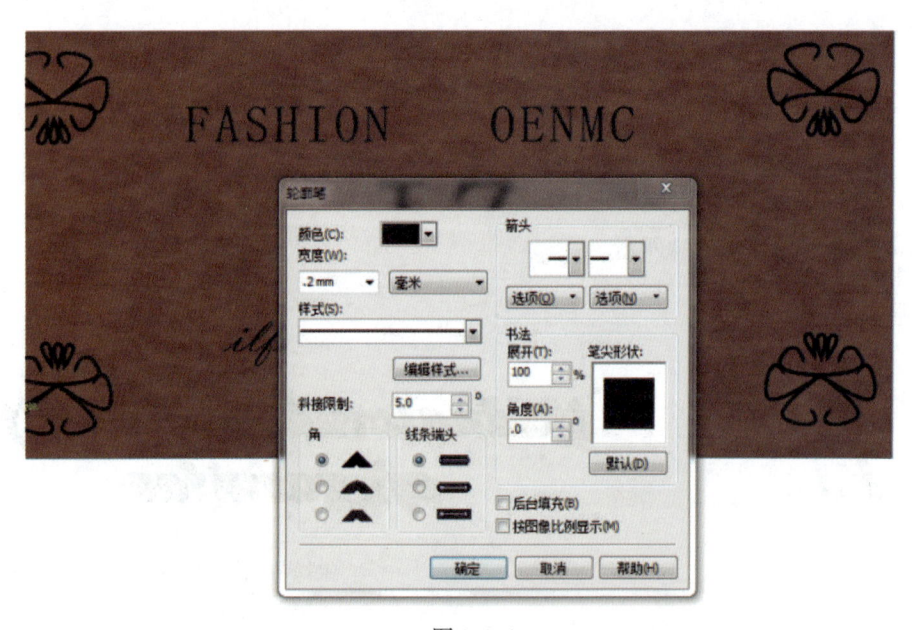

图4-1-7

图4-1-8

图4-1-9

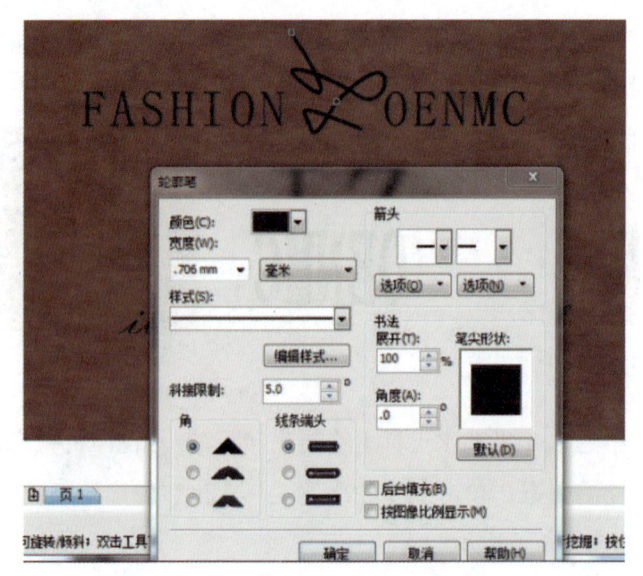

图4-1-10

图 4-1-11

◎ 课后练习

根据图 4-1-11 绘制牛仔服饰配件皮牌,并根据自己的想象力与创作力,设计一款牛仔服饰配件皮牌效果,并保存后命名。

◎ 学习评价

牛仔服饰配件皮牌的绘制评价表

评分项目	评分要点	分值	自评	互评	师评	第三方评价	备注
皮牌质感	皮牌有质感,自然	30					
图案比例	比例大小协调	30					
软件应用能力	图形与图像处理软件结合使用,绘图表现能力强	20					
整体效果	皮牌有特色,能提升牛仔服饰的完整度	15					
完成时间	在规定的时间内完成	5					
	合计	100					

任务二　蓝色牛仔水洗唛的绘制

一、任务导入

完成蓝色牛仔水洗唛的效果图,如图 4-2-1 所示。

二、任务要求

(1) 熟练使用 CorelDRAW X4 软件进行字体的设计与调整应用。

蓝色牛仔水洗唛的绘制

(2)熟练使用CorelDRAW X4软件的工具箱完成水洗唛上图案的设计。

(3)熟练使用CorelDRAW X4软件绘制水洗唛的成品效果。

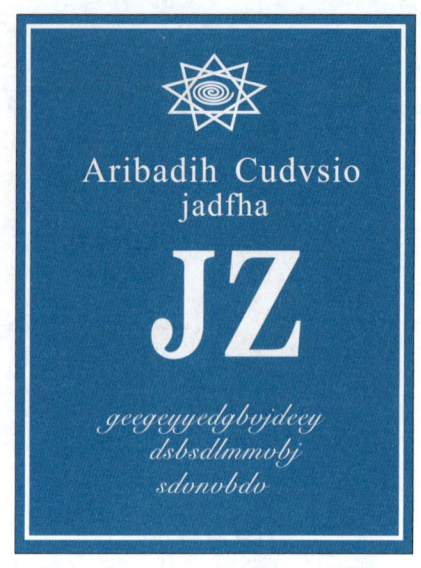

三、任务实施

蓝色牛仔水洗唛的绘制步骤

(1)单击工具箱中的 ▫【矩形工具】绘制一个矩形,单击工具箱中的 ◊【填充工具】填充颜色为"蓝色",如图4-2-2所示。

(2)单击工具箱中的 ▫【矩形工具】绘制一个小矩形,单击选择工具箱中的 ◊【轮廓笔工具】,将长

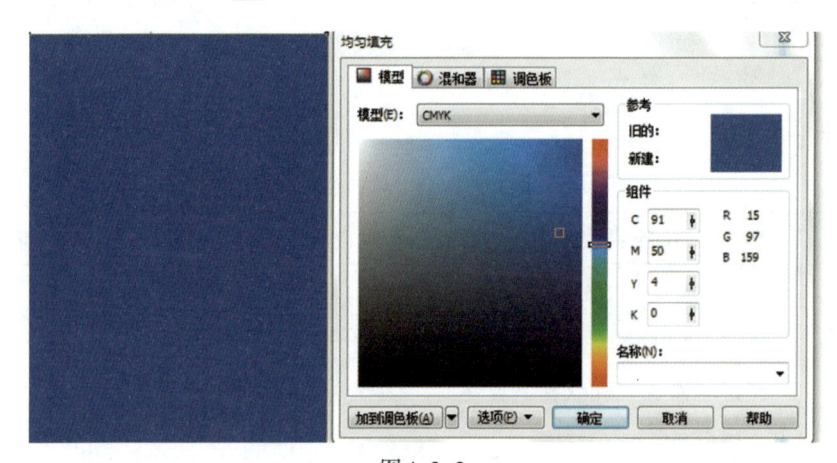

图4-2-1 蓝色牛仔水洗唛的效果图

图4-2-2

方形轮廓笔颜色设置为"白色",轮廓笔宽度设置为"1.0mm",如图4-2-3所示。

(3)单击工具箱中的 字【文本工具】,设置字体为"宋体",大小为"100pt",输入字母为"JZ",如图4-2-4所示。

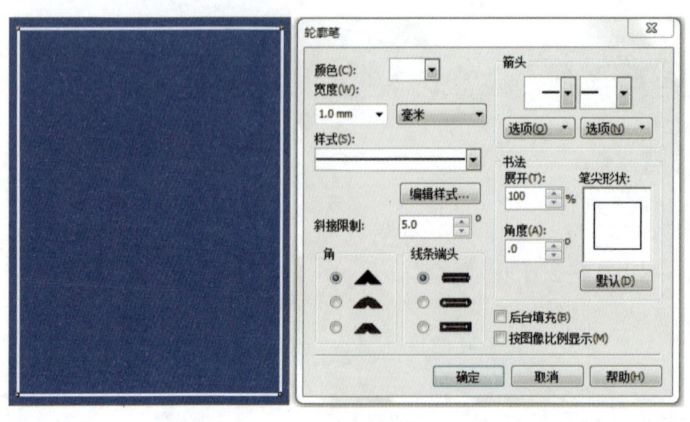

图4-2-3 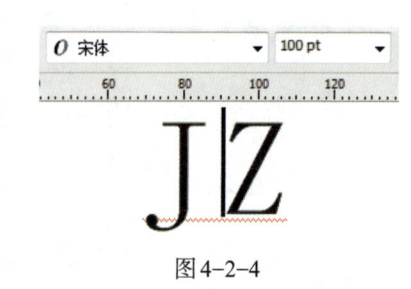　　　　　　　　图4-2-4

(4)单击工具箱中的【轮廓笔工具】,设置字体"JZ"颜色为白色,宽度为"2.5mm",如图4-2-5所示。

(5)单击工具箱中的字【文本工具】,设置字体为"Vladimir Script",大小为"24pt",颜色为"白色",宽度为"0.5mm",如图4-2-6和图4-2-7所示。

(6)单击工具箱中的字【文本工具】,字体为"Vladimir Script",大小为"18pt",然后描边,颜色为"白色",宽度为"0.5mm",如图4-2-8和图4-2-9所示。

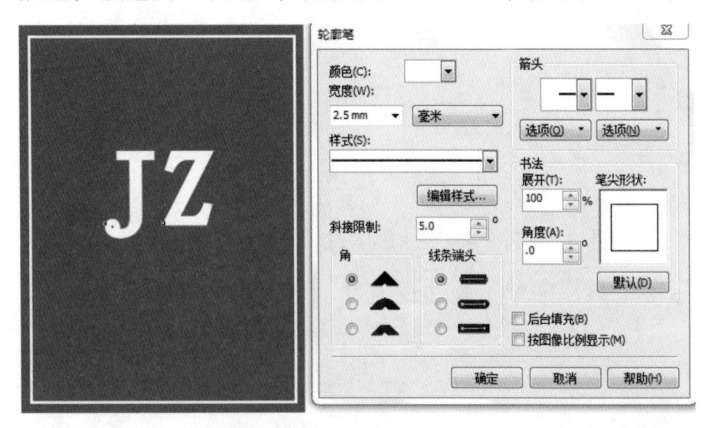

图4-2-5

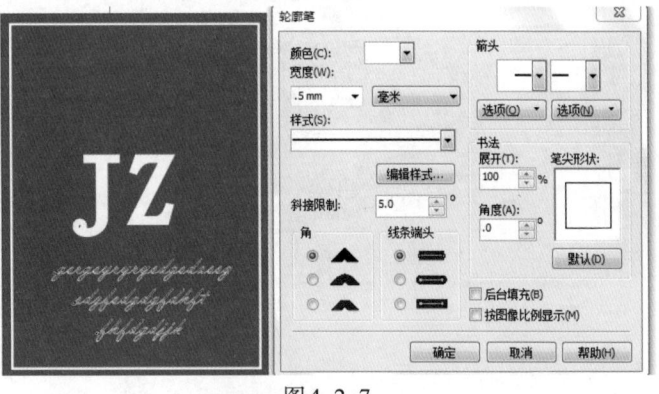

图4-2-6

图4-2-7

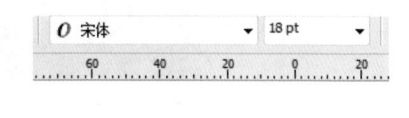

图4-2-8

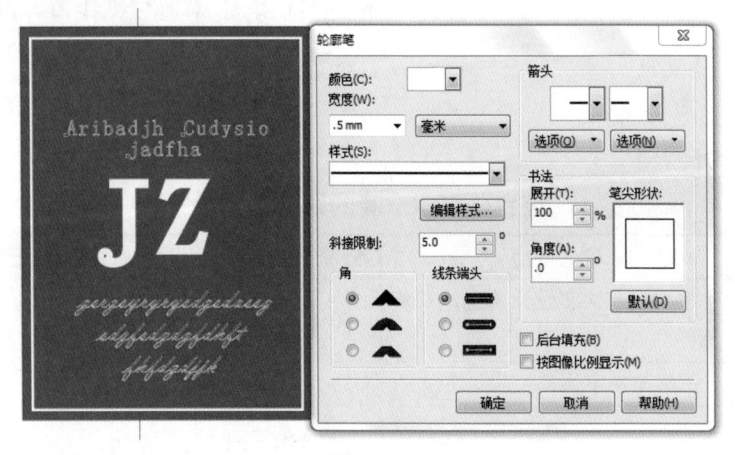

图4-2-9

（7）单击工具箱中的 ❀【复杂星形工具】绘制一个八角星形，如图4-2-10所示。单击工具箱中的 ◎【螺纹工具】，在星形中绘制一个螺纹图案，如图4-2-11所示。

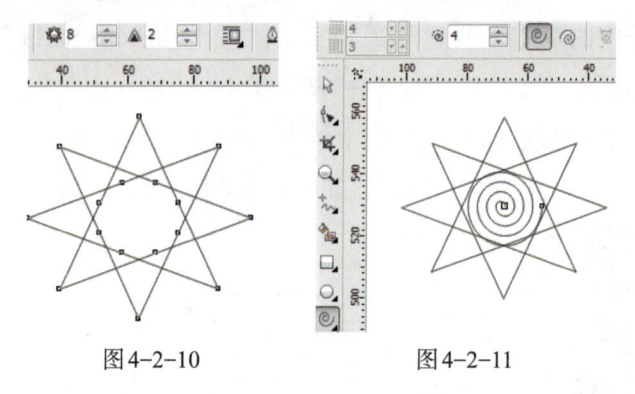

图4-2-10　　　　图4-2-11

（8）单击工具箱中的 ▲【轮廓笔工具】，将图4-2-11设置颜色为"白色"，宽度为"0.75mm"，如图4-2-12所示。在标准工具栏中单击 💾【保存】，将绘制好的蓝色牛仔水洗唛命名后保存。

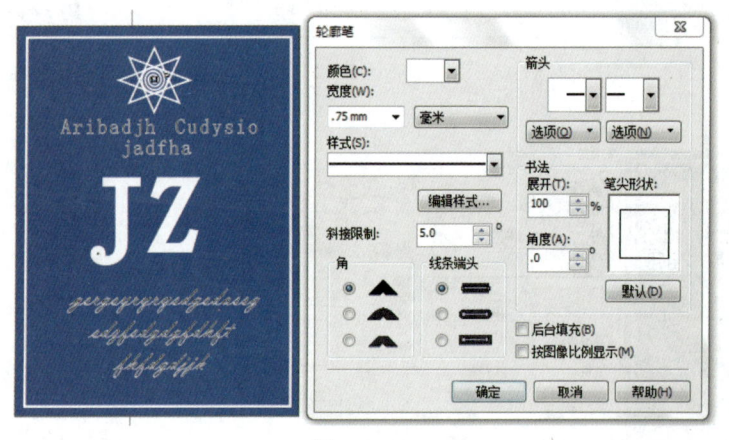

图4-2-12

◎ 课后练习

根据图4-2-12绘制蓝色牛仔水洗唛，并根据自己的想象力与创作力，设计一款牛仔洗水唛效果，保存后命名。

◎ 学习评价

蓝色牛仔水洗唛的绘制评价表

评分项目	评分要点	分值	自评	互评	师评	第三方评价	备注
文字设计	水洗唛上文字设计美观，有装饰性	30					
图案比例	图案与文字协调	30					

续表

评分项目	评分要点	分值	自评	互评	师评	第三方评价	备注
软件应用能力	图形与图像处理软件结合使用，绘图表现能力强	20					
整体效果	水洗唛上信息完整，图案与文字布局合理	15					
完成时间	在规定的时间内完成	5					
	合计	100					

任务三　牛仔吊粒的绘制

一、任务导入

完成牛仔吊粒的效果图，如图4-3-1所示。

牛仔吊粒的绘制

二、任务要求

（1）熟练使用CorelDRAW X4软件渐变填充工具对吊粒进行填色。

（2）熟练使用CorelDRAW X4软件的交互调和工具完成吊粒两端线的立体造型。

（3）熟练使用CorelDRAW X4软件绘制水洗唛的成品效果。

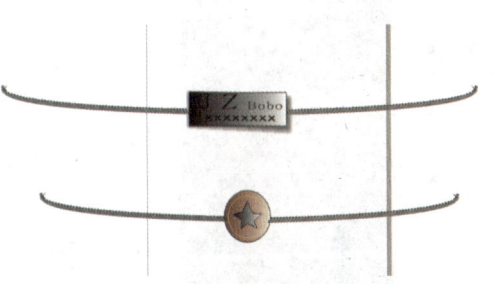

图4-3-1　牛仔吊粒的效果图

三、任务实施

牛仔吊粒的绘制步骤

（1）单击工具箱中的 【矩形工具】绘制一个长方形，如图4-3-2所示。

（2）单击工具箱中的 【渐变填充工具】填充渐变颜色，如图4-3-3所示。

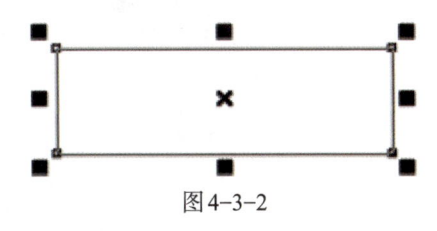

图4-3-2

（3）单击工具箱中的 【贝塞尔工具】绘制一个图形，如图4-3-4所示。

（4）单击工具箱中的 【轮廓笔工具】，单击无轮廓删除轮廓线，如图4-3-5所示。

（5）单击工具箱中的 【贝塞尔工具】绘制一条曲线，如图4-3-6所示。

（6）把图4-3-4的图形复制一个放置到线的末尾端，如图4-3-7所示。

（7）单击工具箱中的 【交互式调和工具】单击从线的开头拉到结尾，设置步长数为"5"，如图4-3-8所示。

图 4-3-3

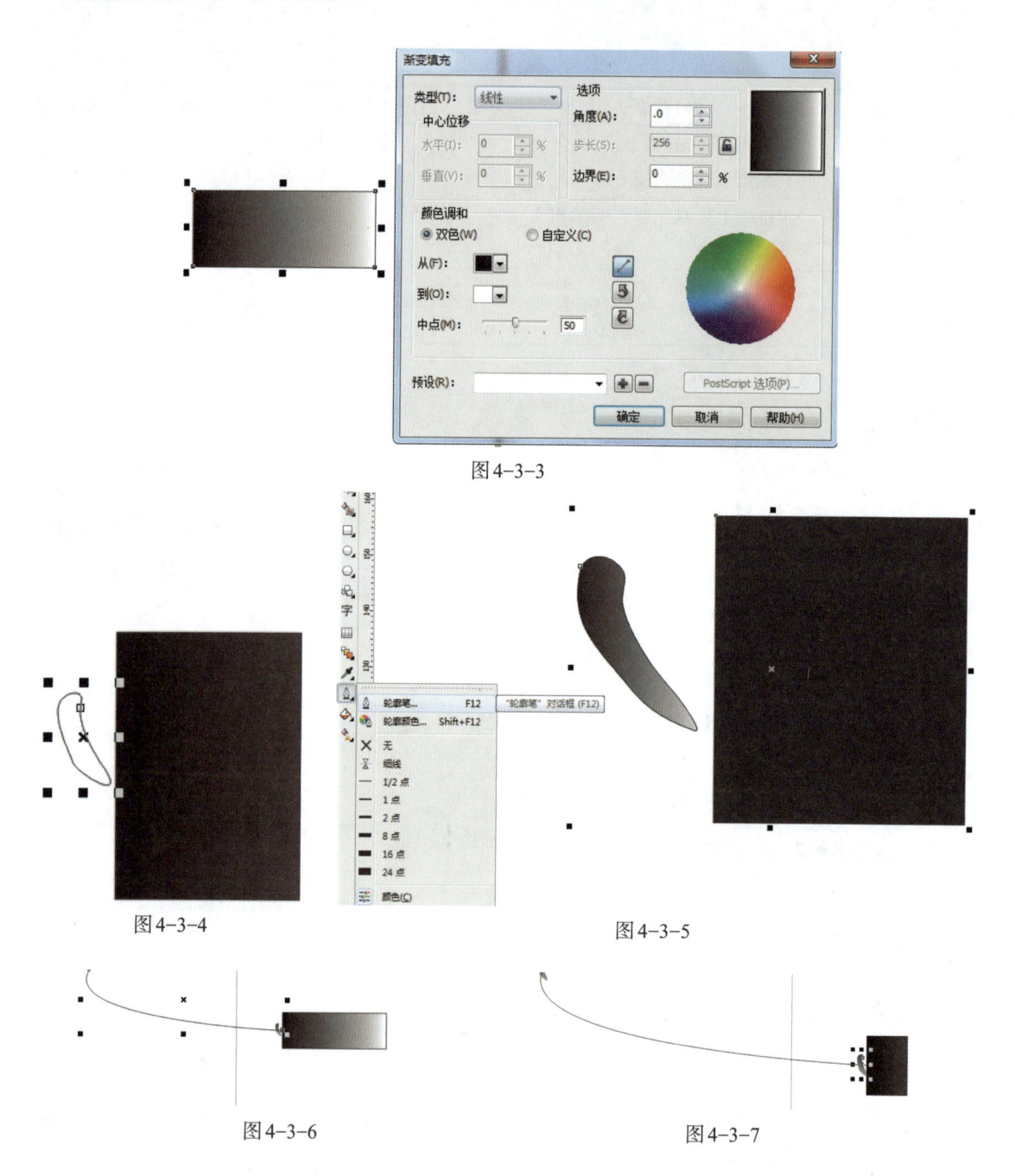

图 4-3-4

图 4-3-5

图 4-3-6

图 4-3-7

（8）在【属性栏】→【路径属性】→【新路径】，这时会出现一个箭头，再单击那条曲线，这时图案顺着曲线排列，如图 4-3-9 所示。

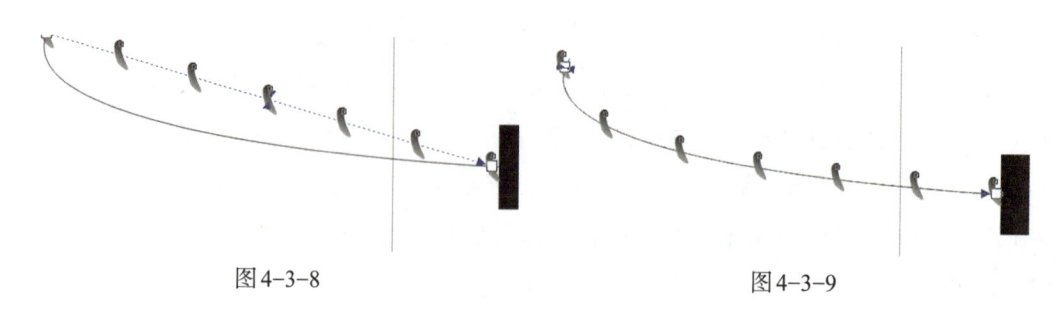

图 4-3-8

图 4-3-9

(9) 在步长或调和形状之间的偏移量输入较大的数位，如图4-3-10所示。

(10) 框选对象在【菜单栏】→【窗口】→【泊坞窗】→【变换】→【比例】→【水平镜像】→【应用到再制】，使两条曲线对称，如图4-3-11所示。

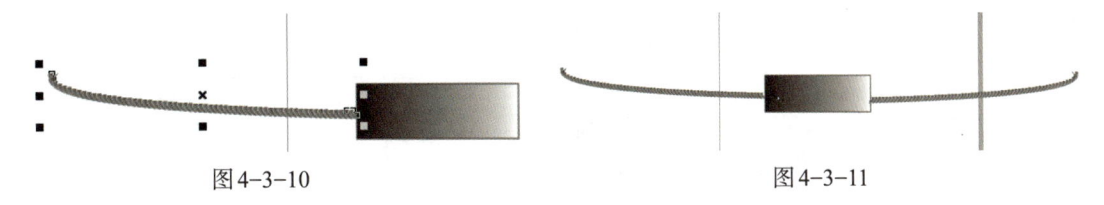

图 4-3-10

图 4-3-11

(11) 单击工具箱中的 字【文本工具】输入相关文字或字母，完成方形吊粒，如图4-3-12所示。

(12) 单击工具箱中的 ○【椭圆形工具】绘制一个圆形，如图4-3-13所示。

图 4-3-12

图 4-3-13

(13) 单击工具箱中的■【渐变填充工具】填充颜色，如图4-3-14所示。

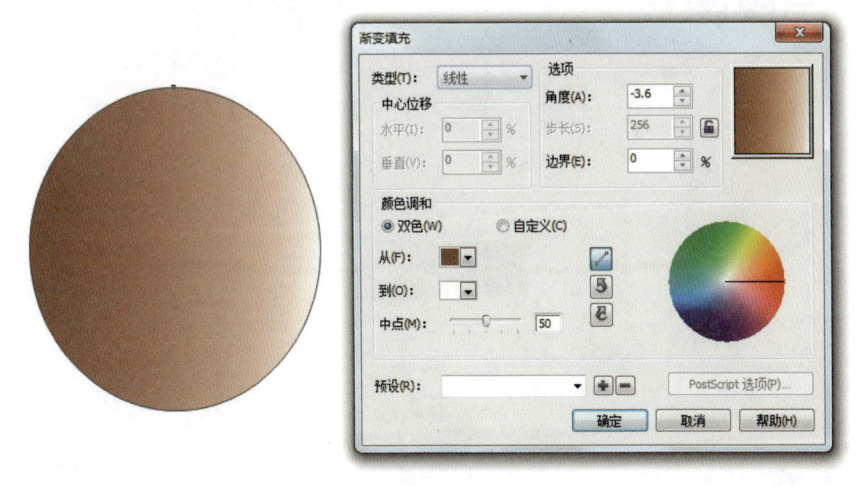

图 4-3-14

(14) 框选"圆形"，按住"Shift"同时单击"左键"不放，缩小复制一个圆形，如图4-3-15所示。

(15) 单击工具箱中的 ◎【轮廓笔工具】设置轮廓笔颜色为"黄色"，如图4-3-16所示。

(16) 单击工具箱中的 ◎【贝塞尔工具】绘制一个五角星，单击工具箱中的■【渐变填充工具】设置颜色为"灰色",完成圆形吊粒形状,如图4-3-17所示。

(17)把之前方形吊粒两端的曲线复制后放置在图4-3-17的圆形上,把方形吊粒和圆形吊粒排列好,如图4-3-18所示。在标准工具栏中单击 【保存】,将绘制好的吊粒命名后保存。

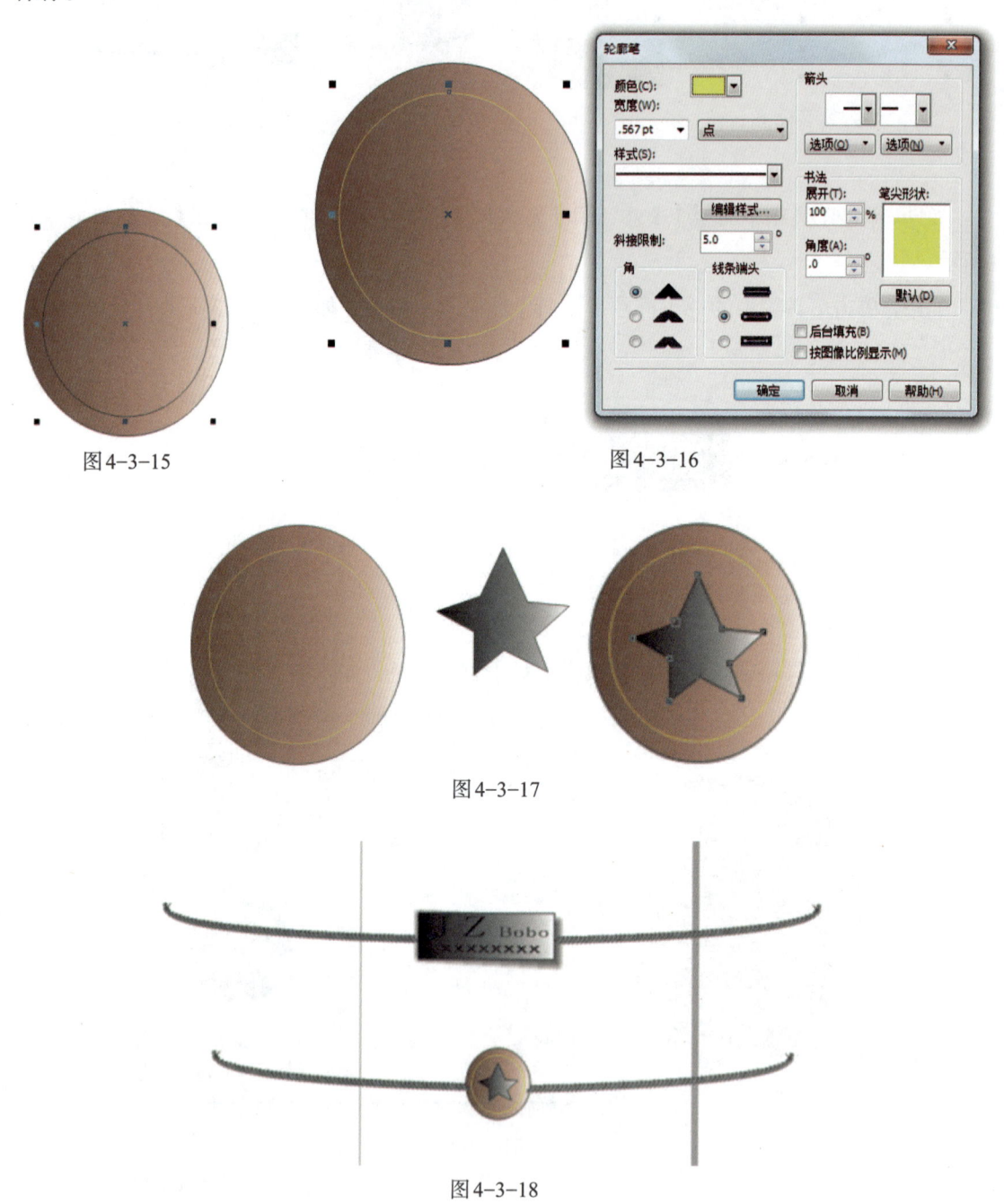

图4-3-15

图4-3-16

图4-3-17

图4-3-18

◎ 课后练习

根据图4-3-18绘制牛仔吊粒,并根据自己的想象力与创作力,尝试设计其他样式的牛仔吊粒,保存后命名。

◎ 学习评价

牛仔吊粒的绘制评价表

评分项目	评分要点	分值	自评	互评	师评	第三方评价	备注
吊粒质感	吊粒金属质感生动	30					
图形文字	图形与文字应用美观，装饰性强	30					
软件应用能力	图形与图像处理软件结合使用，绘图表现能力强	20					
整体效果	吊粒能体现出良好设计品位，有质感	15					
完成时间	在规定的时间内完成	5					
合计		100					

任务四　葫芦扣的绘制

葫芦扣的绘制

一、任务导入

完成葫芦扣的效果图，如图4-4-1所示。

二、任务要求

（1）熟练使用CorelDRAW X4软件绘制调整葫芦扣各部位造型。

（2）熟练使用CorelDRAW X4软件的渐变填充塑造葫芦扣的金属质感。

（3）熟练使用CorelDRAW X4软件阴影工具塑造葫芦扣立体效果。

三、任务实施

葫芦扣的绘制步骤

（1）单击工具箱中的【手绘工具】（F5）绘制葫芦扣上部图形，再单击工具箱中的【形状工具】（F10）进行调整，如图4-4-2所示。

（2）框选图形在【菜单栏】→【窗口】→【泊坞窗】→【变换】→【比例】→【水平镜像】→【应用到再制】，使两个图形对称，再框选

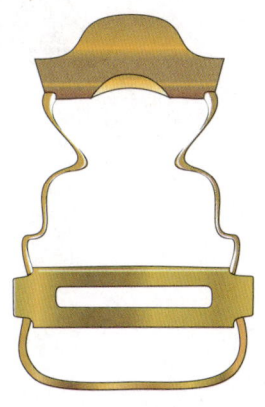

图4-4-1　葫芦扣的效果图

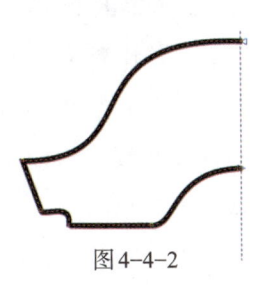

图4-4-2

整个图形后单击右键选结合按钮，使两个图形结合（如果结合没有封闭可用形状工具调整使其封闭），如图4-4-3所示。

（3）单击工具箱中的【填充工具】，选择"渐变填充"进行渐变颜色，如图4-4-4所示。

（4）单击工具箱中的【手绘工具】（F5）绘制葫芦扣底部的图形并填充渐变颜色，如图4-4-5所示

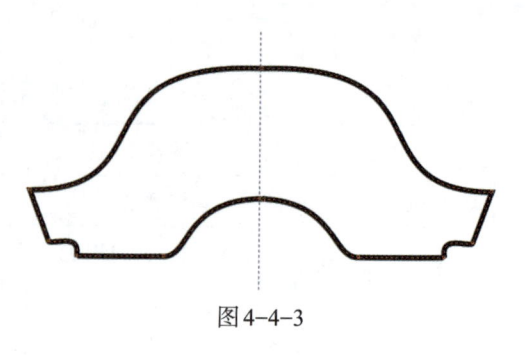

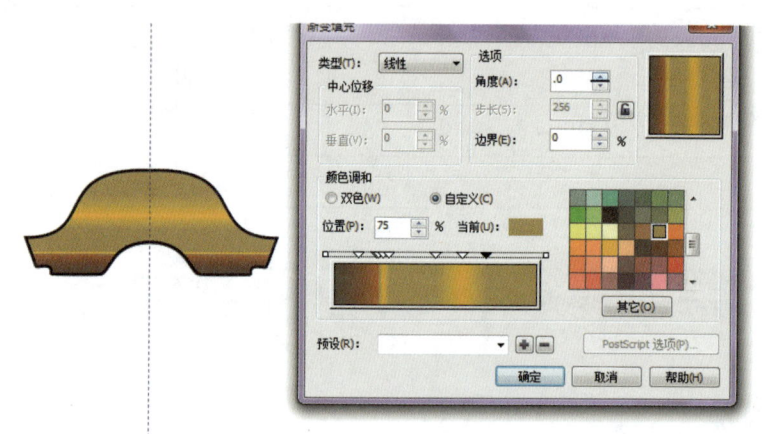

图4-4-3

图4-4-4

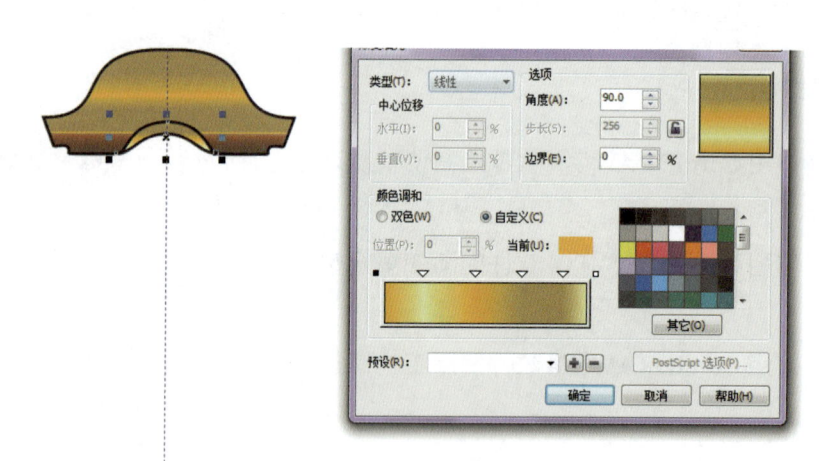

图4-4-5

（5）单击工具箱中的【手绘工具】绘制葫芦扣的基本图形，使用【形状工具】调整，再使用【渐变填充工具】填充渐变颜色，如图4-4-6所示。

（6）框选葫芦扣的基本图形，单击右键拖移复制，单击工具箱中的【轮廓笔工具】删除轮廓线，再使用【渐变填充工具】中的"均匀填充器"进行填充，复制2次，如图4-4-7所示。

（7）将复制的对象拖入图形中，增强图形金属感，如图4-4-8所示。

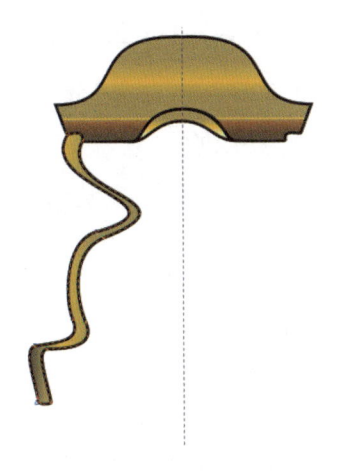

图 4-4-6

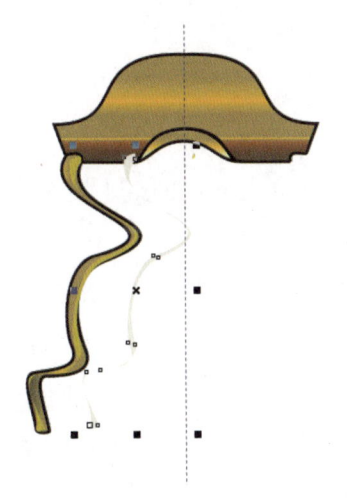

图 4-4-7

（8）框选对象，执行【菜单栏】→【窗口】→【泊坞窗】→【变换】→【比例】→【水平镜像】→【应用到再制】，使两条曲线对称，如图 4-4-9 所示。

（9）单击工具箱中的□【矩形工具】绘制葫芦扣下部图形，使用▷【形状工具】调整，如图 4-4-10 所示。使用□【矩形工具】绘制一个较小的矩形，单击工具箱中的▷【形状工具】调整，如图 4-4-11 所示。

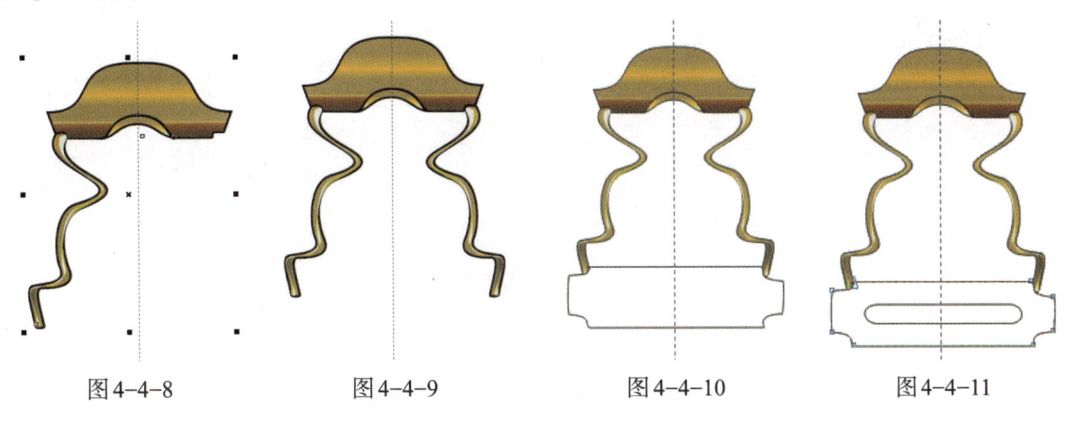

图 4-4-8　　　　图 4-4-9　　　　图 4-4-10　　　　图 4-4-11

87

（10）单击较小的矩形，执行【菜单栏】→【窗口】→【泊坞窗】→【造型】→【修剪】，再单击较大的矩形，得到一个不规则环状图形。单击工具箱中的 【填充工具】，选择"渐变填充器"对不规则环状图形填充渐变颜色，如图4-4-12所示。

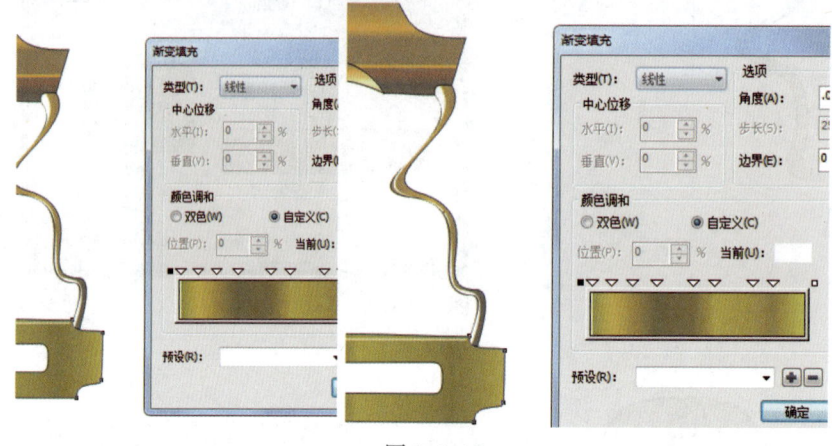

图4-4-12

（11）使用相同方法绘制葫芦扣下部分的金属环，单击工具箱中的 【填充工具】选择"渐变填充器"填充渐变颜色，如图4-4-13所示。

（12）框选所有对象并群组，单击工具箱中的 【阴影工具】拉出阴影，增强立体效果，如图4-4-14所示。单击标准工具栏中 【保存】，将绘制好的葫芦扣命名后保存。

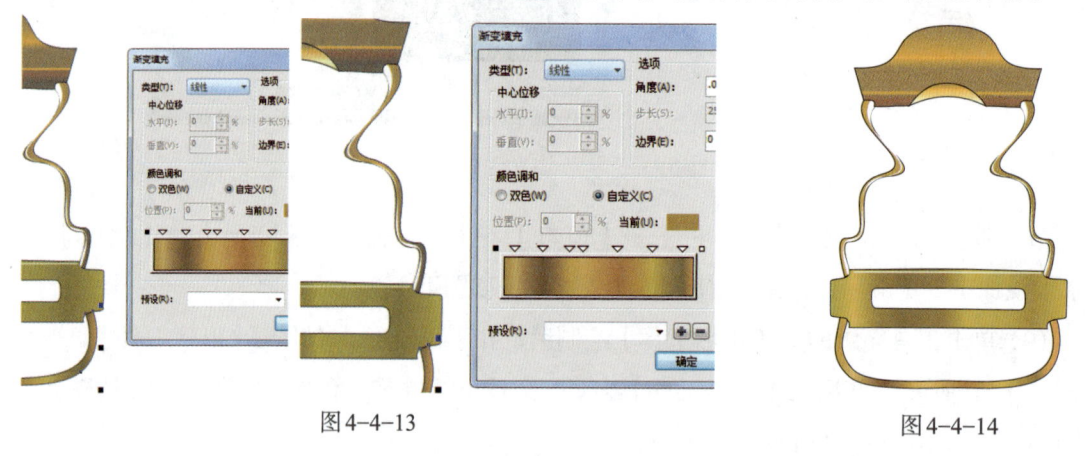

图4-4-13　　　　　　　　图4-4-14

◎ **课后练习**

根据图4-4-14绘制葫芦扣，并根据自己的想象力与创作力，设计其他款式的葫芦扣效果，保存后命名。

◎ **学习评价**

葫芦扣的绘制评价表

评分项目	评分要点	分值	自评	互评	师评	第三方评价	备注
造型	葫芦扣造型美观	30					

续表

评分项目	评分要点	分值	自评	互评	师评	第三方评价	备注
色彩	葫芦扣金属感塑造自然	30					
软件应用能力	图形与图像处理软件结合使用,绘图表现能力强	20					
整体效果	葫芦扣整体效果生动,立体效果明显	15					
完成时间	在规定的时间内完成	5					
	合计	100					

任务五　牛仔金属纽扣的绘制

一、任务导入

完成牛仔金属纽扣效果图的绘制,如图4-5-1所示。

牛仔金属纽扣的绘制

图4-5-1　牛仔金属纽扣正反面效果图

二、任务要求

(1) 熟练使用CorelDRAW X4软件的渐变填充工具塑造纽扣的金属质感。
(2) 熟练使用CorelDRAW X4软件调整图形顺序完成纽扣的层次感。
(3) 熟练使用CorelDRAW X4软件表现金属纽扣的效果。

三、任务实施

1. 牛仔金属纽扣正面的绘制步骤

(1) 单击工具箱中的 ◯【椭圆形工具】,按下"Ctrl"键,绘制一个正圆,按住鼠标左键在绘图区内绘制一个正圆形。框选正圆形,单击工具箱中的 ■【渐变填充工具】填充颜色,设置属性,如图4-5-2所示,单击"确定"结束。

(2) 框选对象,按鼠标右键单击"复制",然后在空白处单击右键选择"粘贴",复制一个正圆,并填充"黑色",单击黑色圆形按右键选择"顺序"到"到页面后面"命令,纽扣正面效果完成,如图4-5-3所示。

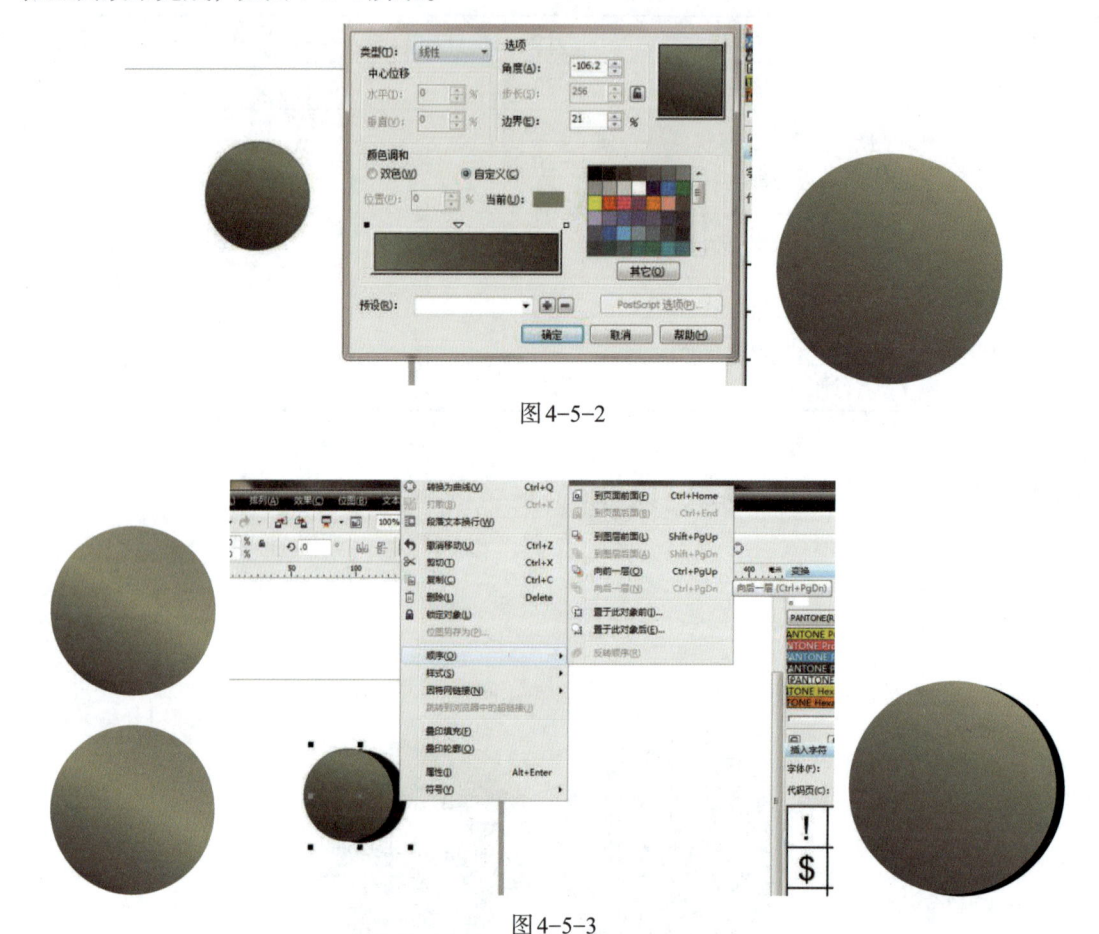

图4-5-2

图4-5-3

2.牛仔金属纽扣反面的绘制步骤

(1)单击工具箱中的【椭圆形工具】,按住"Ctrl"键不松开,单击鼠标左键在绘图区内绘制一个正圆。单击工具箱中的【渐变填充工具】填充颜色,设置属性,如图4-5-4所示,单击"确定"结束。

(2)框选正圆形,在复制过程中要始终按住【Shift】键,用【挑选工具】从大圆侧角的控制钮上单击左键,并向圆心方向推动,不要松手,待虚线框的大小及位置合适时单

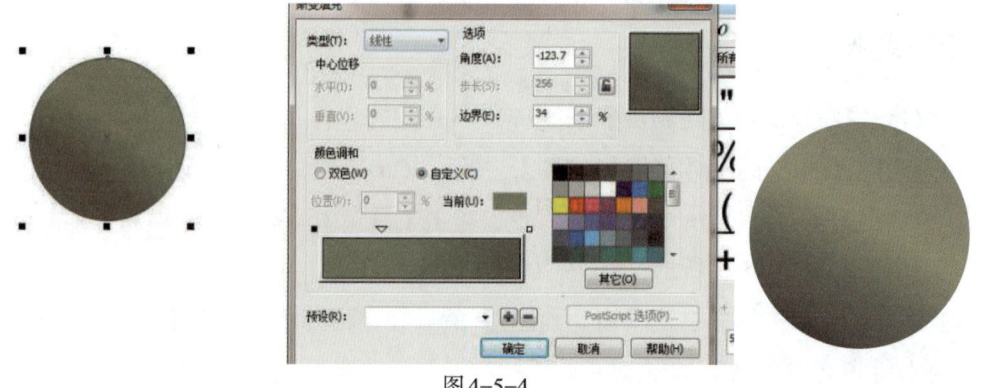

图4-5-4

击右键，然后释放左键，再释放"Shift"键，然后用■【渐变填充工具】填充颜色，设置参数，如图4-5-5所示。

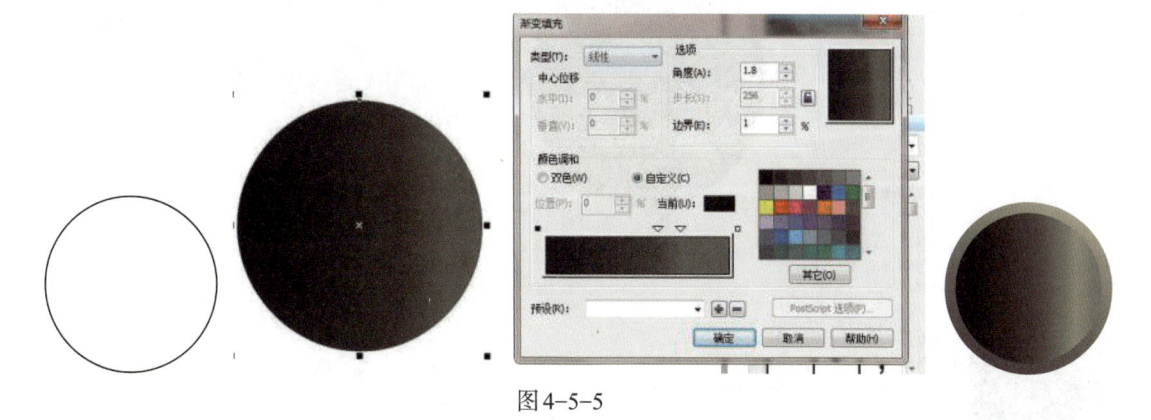

图 4-5-5

（3）用同样方法再绘制一个正圆形，然后使用■【渐变填充工具】填充颜色，设置效果如图4-5-6所示。

（4）再次绘制一个小的正圆形，选择正圆形并单击工具箱中的【轮廓笔工具】，选择"无轮廓"命令。框选所有正圆形，执行菜单栏中的【排列】→【对齐和分布】→【水平和垂直中对齐】命令，如图4-5-7所示。

图 4-5-6

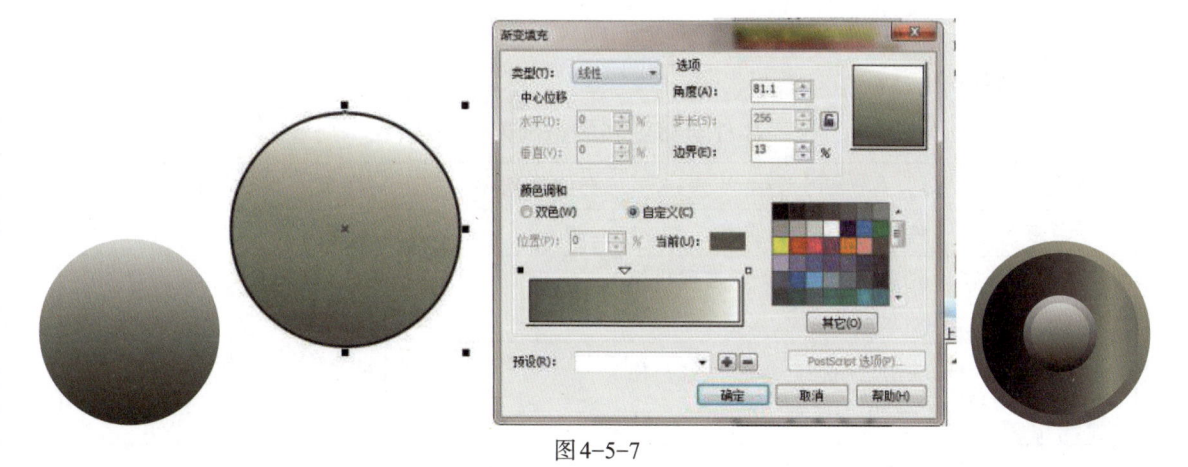

图 4-5-7

（5）绘制一个正圆形，填充"黑色"，调整大小，拖至图4-5-7的圆形图上，按右键选择"顺序"单击"向后一层"，单击两次使其到后面两层，群组金属纽扣，最终效果如图4-5-8所示。在标准工具栏中单击【保存】，将绘制好的牛仔裤金属纽扣的效果图命名后保存。

◎ 课后练习

根据图4-5-8绘制金属纽扣，并根据自己的想象力与创作力，设计其他款式的金属纽扣效果，保存后命名。

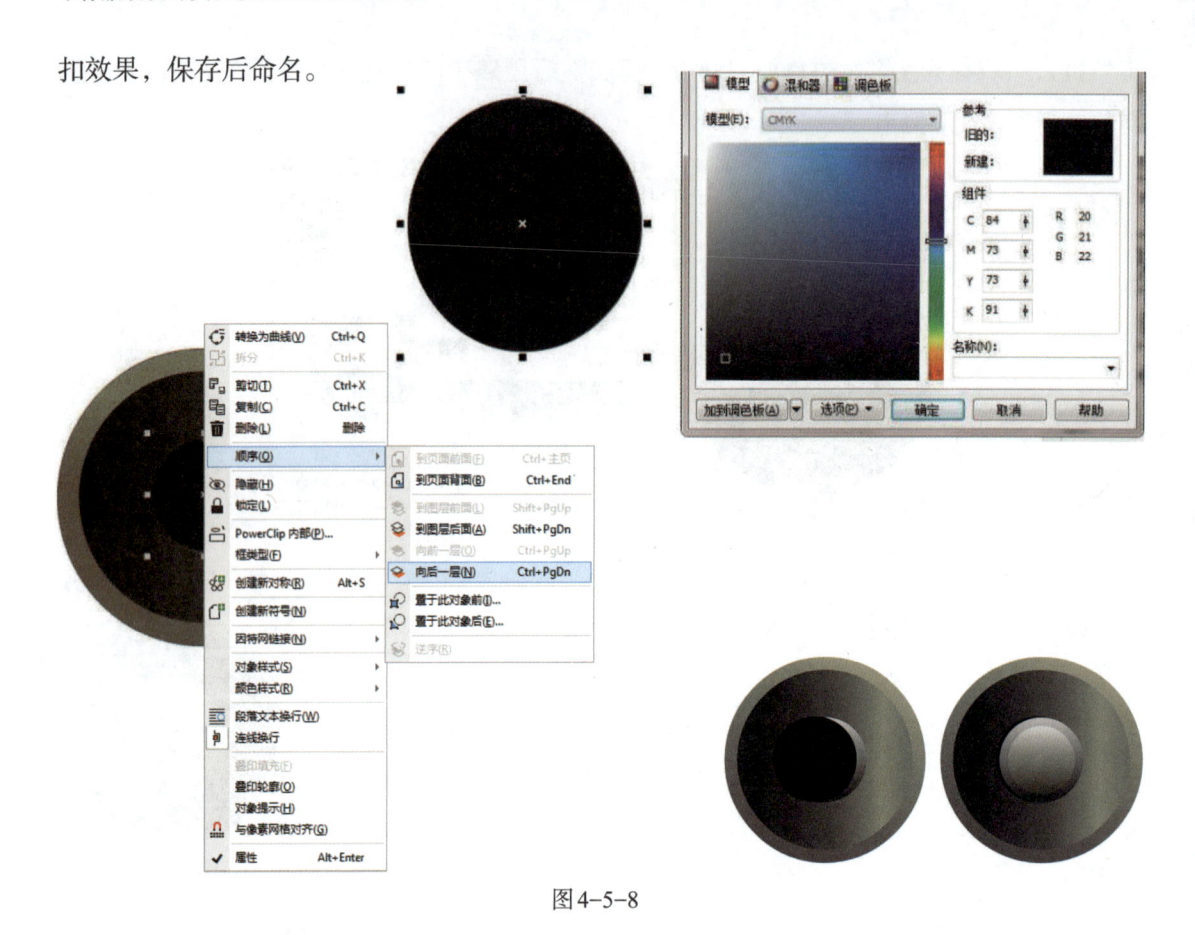

图 4-5-8

◎ 学习评价

牛仔金属纽扣的绘制评价表

评分项目	评分要点	分值	自评	互评	师评	第三方评价	备注
色彩	色彩填充有金属质感	30					
图案层次	图案层次有序，能表现出纽扣的立体感	30					
软件应用能力	图形与图像处理软件结合使用，绘图表现能力强	20					
整体效果	金属纽扣整体造型美观，质感突出	15					
完成时间	在规定的时间内完成	5					
	合计	100					

任务六　纽扣的绘制

一、任务导入

完成纽扣的效果图，如图4-6-1所示。

二、任务要求

（1）熟练使用CorelDRAW X4软件的渐变填充工具填充纽扣色彩。

（2）熟练使用CorelDRAW X4软件的泊坞窗调整纽扣的图形。

（3）熟练使用CorelDRAW X4软件表现纽扣的效果。

三、任务实施

纽扣绘制的步骤

（1）单击工具箱中的【椭圆形工具】，按下"Ctrl"键，绘制一个正圆形，再单击工具箱中的【渐变填充工具】或者按【F2】键，打开"渐变填充"对话框设置参数和命令，填充正圆形效果，如图4-6-2所示。

图4-6-1　纽扣的效果图

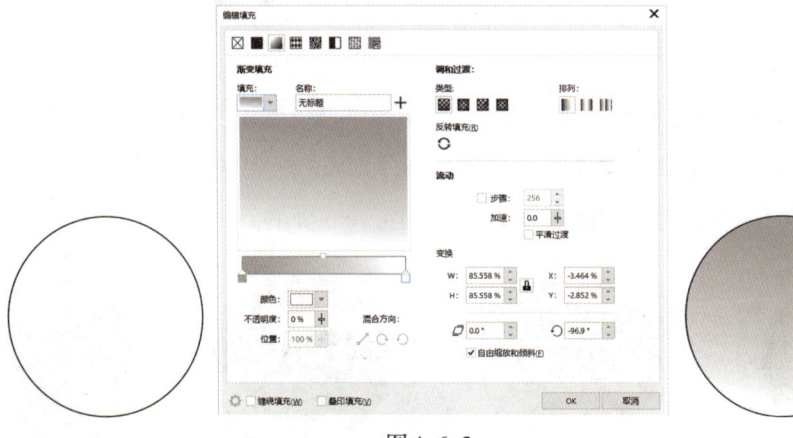

图4-6-2

（2）框选正圆形，在复制的过程中要始终按住"Shift"键，用【挑选工具】从大圆侧角的控制钮上单击左键，并向圆心方向推动，不要松手，待虚线框的大小及位置合适时单击"右键"，然后释放鼠标左键，再释放"Shift"键，接着单击工具箱中的【填充工具】，打开"渐变填充"对话框，设置参数和命令填充正圆效果，如图4-6-3所示。

（3）单击工具箱中的【椭圆形工具】，绘制一个椭圆形，再单击工具箱中的【填充工具】，填充渐变颜色，然后单击工具箱中的【轮廓笔工具】，单击"无填充"删除轮廓线，如图4-6-4所示。

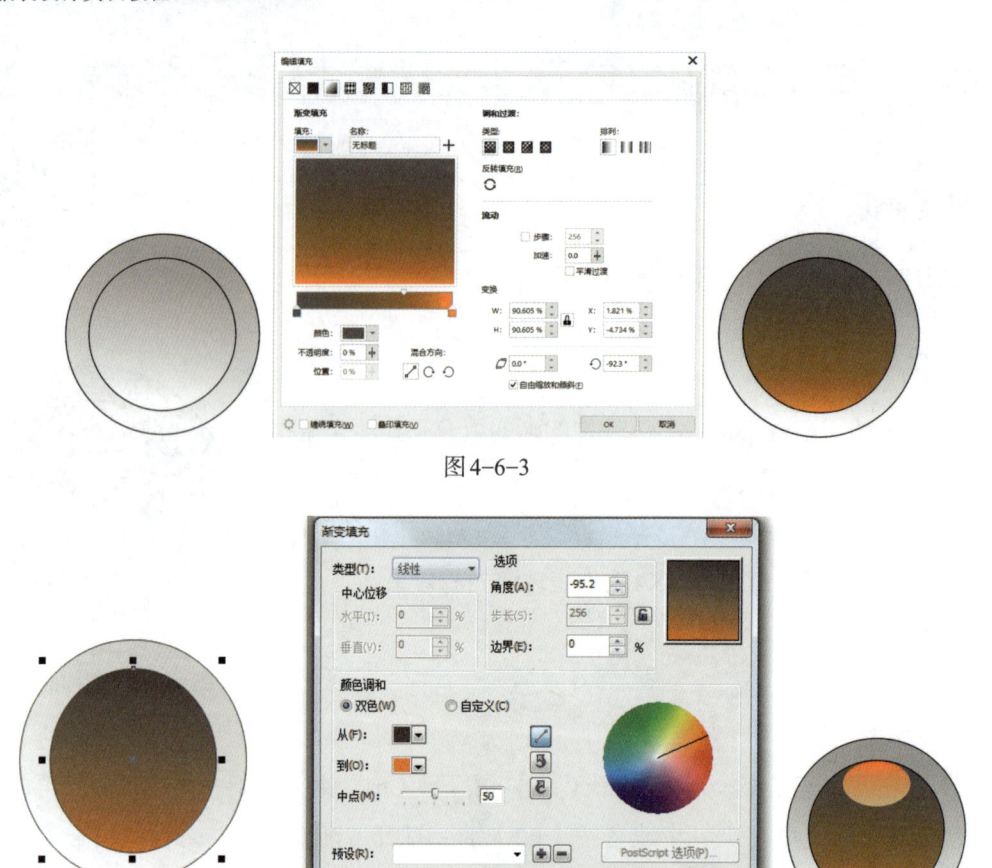

图 4-6-3

图 4-6-4

(4) 单击工具箱中的 ○【椭圆形工具】，绘制一个椭圆形，单击对象后按右键【顺序】→【到后一层】。单击工具箱中的 ■【渐变填充工具】，填充渐变颜色，再单击工具箱中的 ◇【轮廓笔工具】单击"无轮廓"删除轮廓线，如图4-6-5所示。

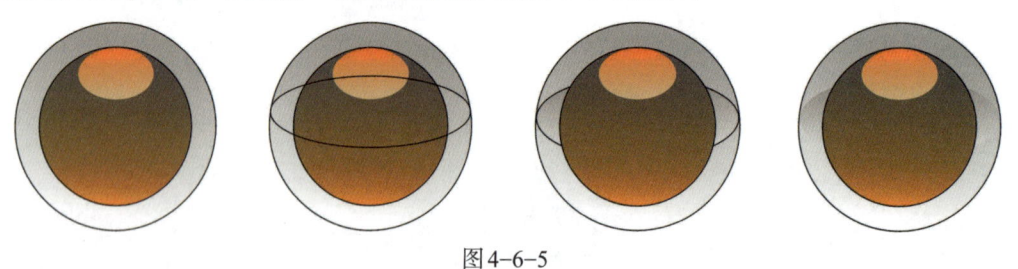

图 4-6-5

(5) 单击工具箱中的 ✎【贝塞尔工具】，绘制爱心图形，或者单击工具箱中的 ↖【形状工具】，执行工具属性栏中的"完美形状"，选择其中的"心形"，按下"ctrl"键，绘制一个爱心图形，单击工具箱中的 ◇【填充工具】选均匀填充，填充"白色"，选中心形对象，在心形中心控制点再次单击，此时出现小圆点，把小圆点拖拽到心形的下端，执行菜单栏中的【窗口】→【泊坞窗】→【变换】→【旋转】，设置"旋转角度"为"90"度，并单击"应用到再制"三次，再制心形对象后，执行工具属性栏中的"群组"命令，群组四个心形对象，如图4-6-6所示。

（6）框选正圆和心形图形对象，执行菜单栏中的【排列】→【对齐和分布】→【水平和垂直中对齐】命令，把四个心形图形放置在图4-6-5的正圆形中心上，如图4-6-7所示。在标准工具栏中单击【保存】，将绘制好的纽扣命名后保存。

图4-6-6

图4-6-7

◎ 课后练习

根据图4-6-7绘制纽扣，并根据自己的想象力与创作力，设计其他款式的纽扣效果，并保存后命名。

◎ 学习评价

纽扣的绘制评价表

评分项目	评分要点	分值	自评	互评	师评	第三方评价	备注
纽扣质感	纽扣立体、有质感	30					
图案比例	图案美观，装饰性强	30					
软件应用能力	图形与图像处理软件结合使用，绘图表现能力强	20					
整体效果	纽扣整体造型美观	15					
完成时间	在规定的时间内完成	5					
	合计	100					

任务七　撞钉的绘制

一、任务导入

完成撞钉效果图，如图4-7-1所示。

二、任务要求

（1）熟练使用CorelDRAW X4软件的渐变填充工具填充纽扣色彩。

撞钉的绘制

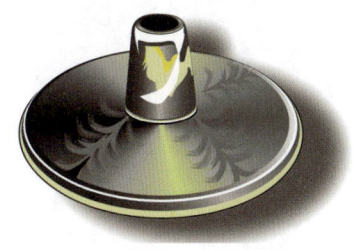

图4-7-1　撞钉的效果图

（2）熟练使用CorelDRAW X4软件塑造撞钉的阴影与高光效果。

（3）熟练使用CorelDRAW X4软件的调和工具表现撞钉的立体阴影效果。

三、任务实施

撞钉的绘制步骤

（1）单击工具箱中的 ◯ 【椭圆形工具】，在页面上绘制一个椭圆。选择颜色，接着复制3个大小不一的椭圆，选择 ■ 【渐变填充工具】填充颜色，如图4-7-2所示。

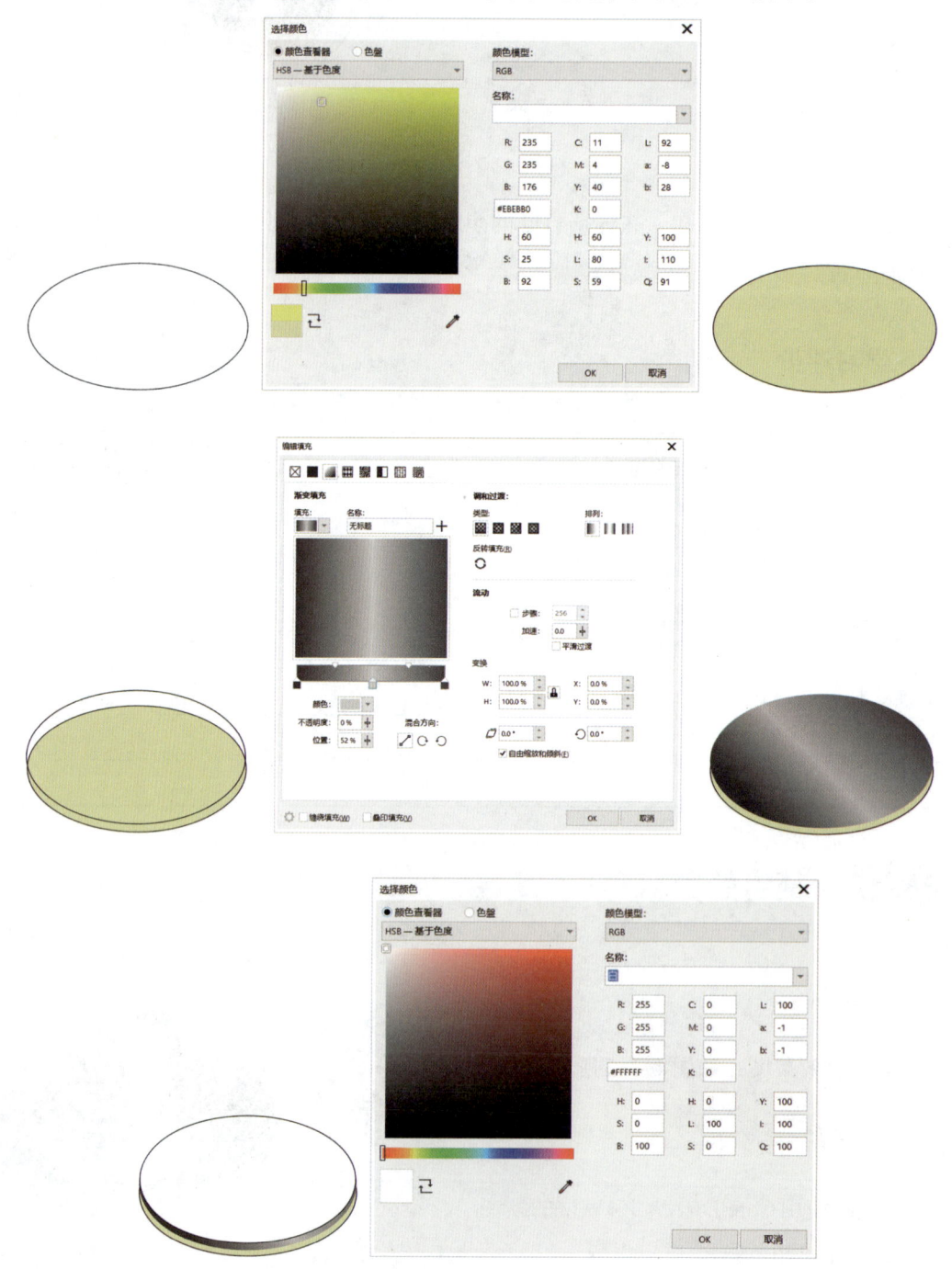

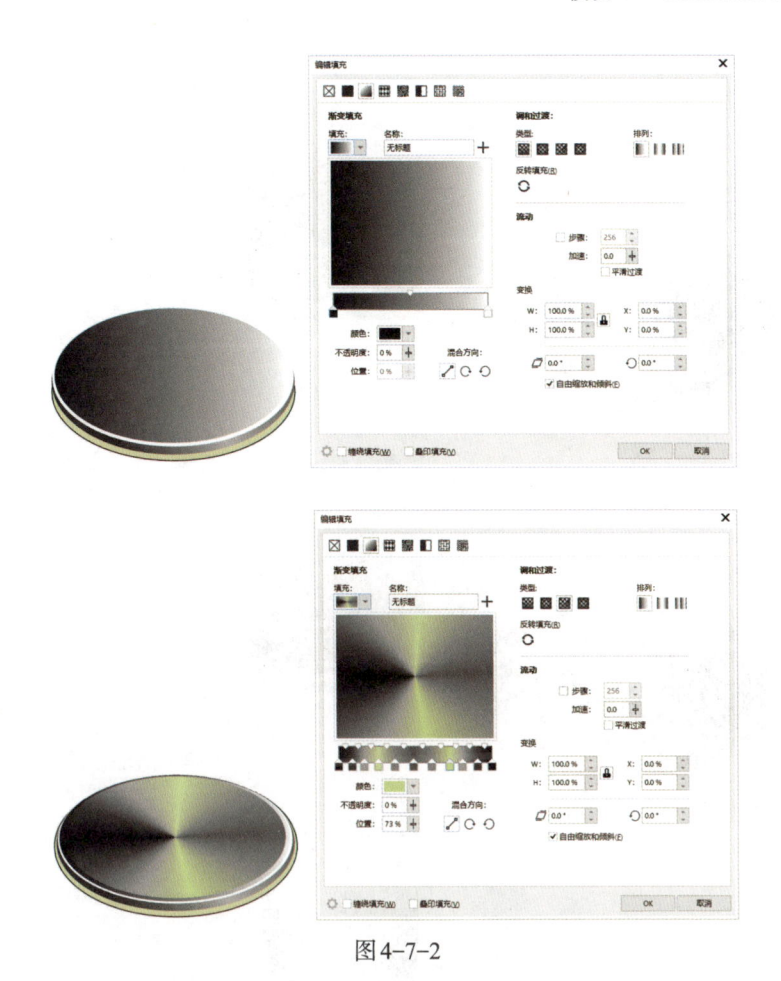

图 4-7-2

(2)绘制里面的椭圆,单击工具箱中的 ◯ 【椭圆形工具】画椭圆,按住"椭圆形"左键不松开,单击"右键",复制 3 个,大小不一,选择 ■ 【渐变填充工具】填充颜色,如图 4-7-3 所示。

(3)单击工具箱中的 ✎ 【贝塞尔工具】画出凸起扣子,调出适合形状,用 ■ 【渐变填充工具】填充颜色,如图 4-7-4 所示。

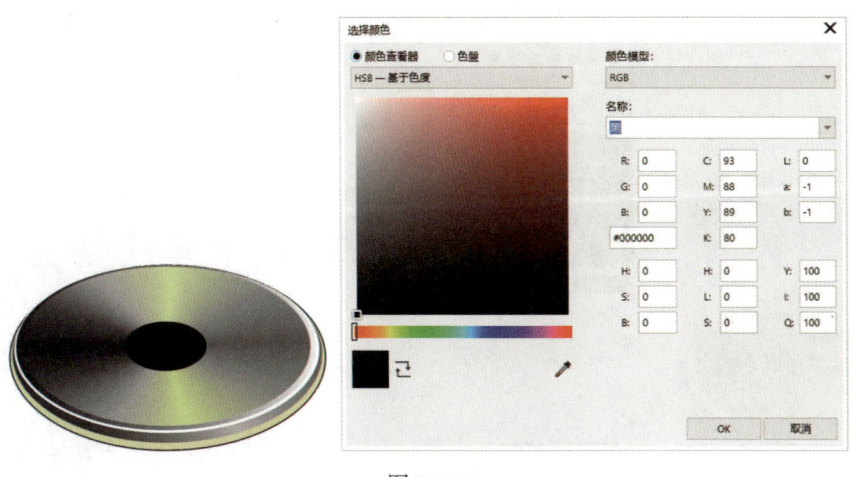

图 4-7-3

图 4-7-3

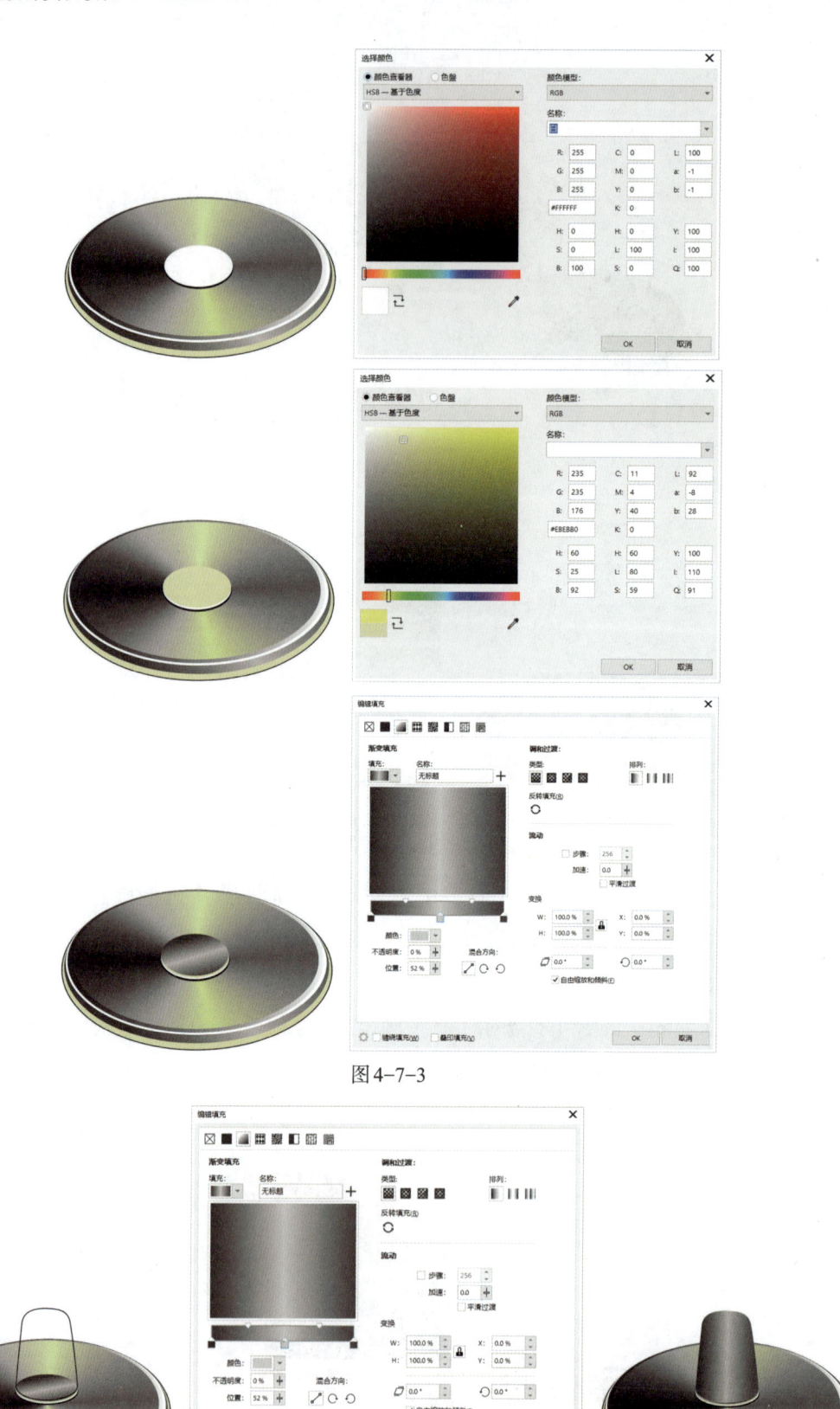

图 4-7-4

（4）在顶部绘制椭圆，画法与第一、第二步骤一样，填充颜色。单击工具箱中的【轮廓笔工具】删除轮廓线，如图4-7-5所示。

（5）绘制柱子里的高光与反光，单击工具箱中的【贝塞尔工具】绘出大致的形状，调整一下大小并填充颜色，如图4-7-6所示。

图4-7-5　　　　　　　　　　　　图4-7-6

（6）绘制撞钉中间的阴影与高光，运用【艺术笔工具】或【变形工具】绘出形状后填充颜色并排列组合，如图4-7-7所示。

（7）单击工具箱中【交互式调和工具】里的阴影，拉出撞钉整体的阴影效果，如图4-7-8所示。

（8）撞钉最终效果如图4-7-9所示，单击标准工具栏中【保存】，将绘制好的撞钉命名后保存。

图4-7-7　　　　　　图4-7-8　　　　　　图4-7-9

◎ 课后练习

根据图4-7-9绘制牛仔撞钉，并根据自己的想象力与创作力，设计其他款式牛仔撞钉效果，保存后命名。

◎ 学习评价

撞钉的绘制评价表

评分项目	评分要点	分值	自评	互评	师评	第三方评价	备注
撞钉质感	撞钉金属质感生动	30					
阴影与高光	阴影与高光自然，能塑造出立体感	30					
软件应用能力	图形与图像处理软件结合使用，绘图表现能力强	20					

续表

评分项目	评分要点	分值	自评	互评	师评	第三方评价	备注
整体效果	撞钉整体效果完整	15					
完成时间	在规定的时间内完成	5					
	合计	100					

任务八　拉链的绘制

一、任务导入

完成拉链效果图，如图4-8-1所示。

拉链的绘制

二、任务要求

（1）熟练使用CorelDRAW X4软件的调和工具绘制拉链齿口。

（2）熟练使用CorelDRAW X4软件的渐变填充塑造拉链的质感。

（3）熟练使用CorelDRAW X4软件完成拉链的效果图。

图4-8-1　拉链的效果图

三、任务实施

拉链的绘制步骤

（1）单击工具箱中的□【矩形工具】绘制一个矩形，单击工具箱中的【挑选工具】，按右键选"转换为曲线"，再选【形状工具】调整适合拉链齿口，如图4-8-2所示。

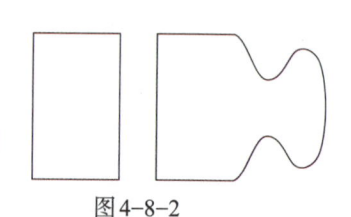

图4-8-2

（2）单击工具箱中的■【渐变填充工具】，将拉链齿口上色，如图4-8-3所示。

（3）按"Ctrl"键水平移动，框选拉链齿口，按住左键不松开，单击右键，复制一个拉链齿口，单击工具箱中的【交互式调和工具】拉出拉链一边齿口，步长为"16"，单击属性栏中的【水平镜像】绘制另一边拉链齿口，把两条拉链齿口拼合，如图4-8-4所示。

（4）单击工具箱中的□【矩形工具】绘制矩形，再复制2个矩形并"转换为曲线"，绘出拉链下面两个不同形状的大牙，调整合适的形状，单击工具箱中的■【渐变填充工具】填充上色并放置在拉链中，如图4-8-5所示。

（5）单击工具箱中的□【矩形工具】绘制长方形，单击工具箱中的【形状工具】调整长方形的弯度并上色，复制出另一条，单击属性栏中的【水平镜像】，放置拉链两旁，如图4-8-6所示。

（6）复制拉链齿，旋转调整方向，放置于两条黑色开叉条形中，根据黑色条形状调整好拉链齿，如图4-8-7所示。

（7）拉链头绘制：单击工具箱中的 ▢【矩形工具】绘出矩形并"转换为曲线"，调出适合的形状，再单击工具箱中的 ▮【渐变填充工具】填充颜色，如图4-8-8所示。

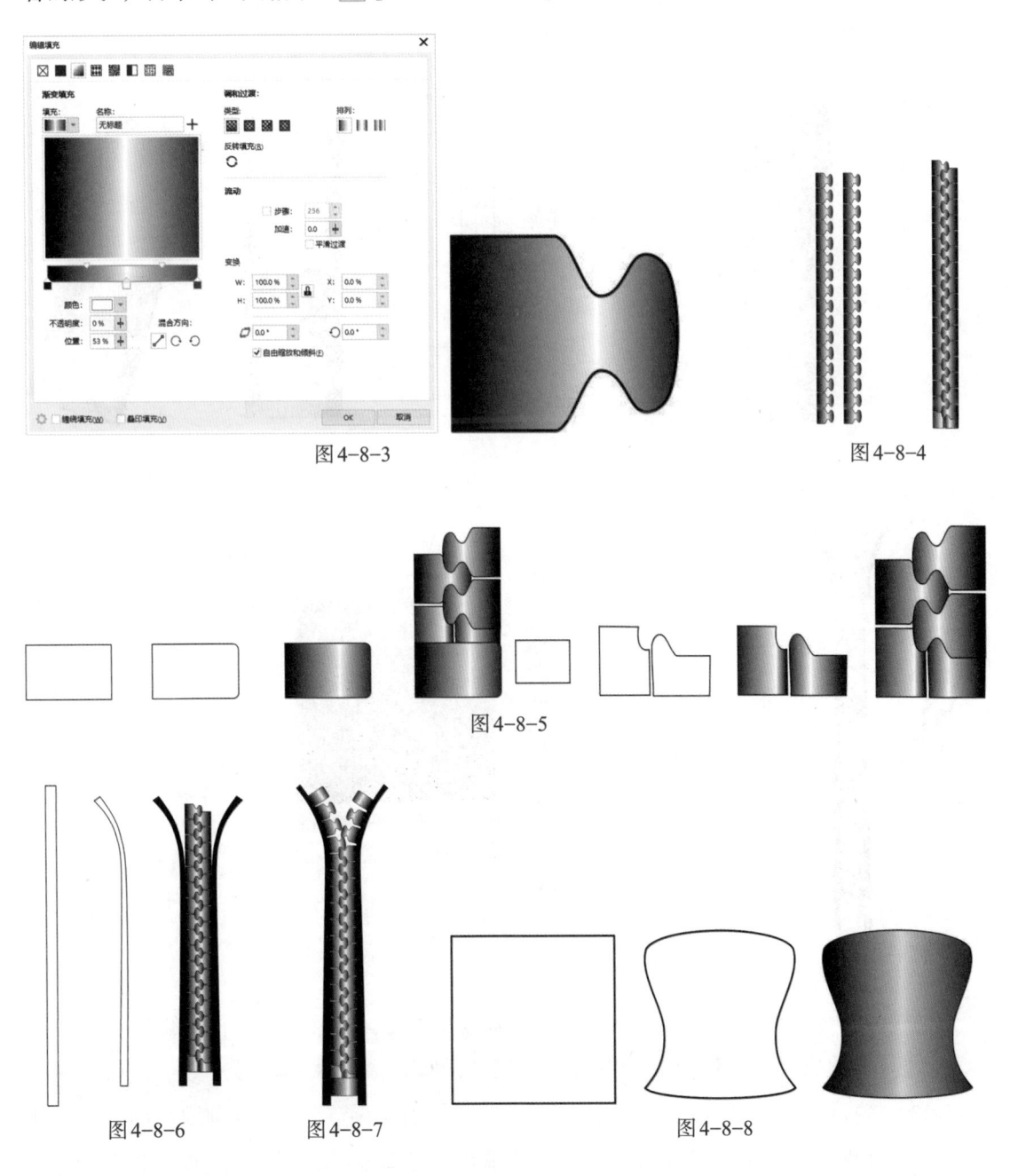

图 4-8-3

图 4-8-4

图 4-8-5

图 4-8-6　　　图 4-8-7　　　图 4-8-8

（8）绘制拉链头与第一步方法相同，绘制3个不同的长方形，各自调整成一个长方体，如图4-8-9所示。

（9）拉链手把的绘制：绘制2个不同大小的长方形，框选2个长方形→排列→对齐和分布→分别进行水平和垂直居中对齐，单击右键选结合，再用■【渐变填充工具】填充上色，调整倾斜度，如图4-8-10所示。

（10）单击工具箱中的□【矩形工具】，绘制一个矩形，再用■【渐变填充工具】填充上色，并放置于合适位置，如图4-8-11所示。

（11）单击工具箱中的□【矩形工具】绘制长方形，按右键"转换为曲线"调整弯度上色，再复制另一条，放在拉链两边，如图4-8-12所示。

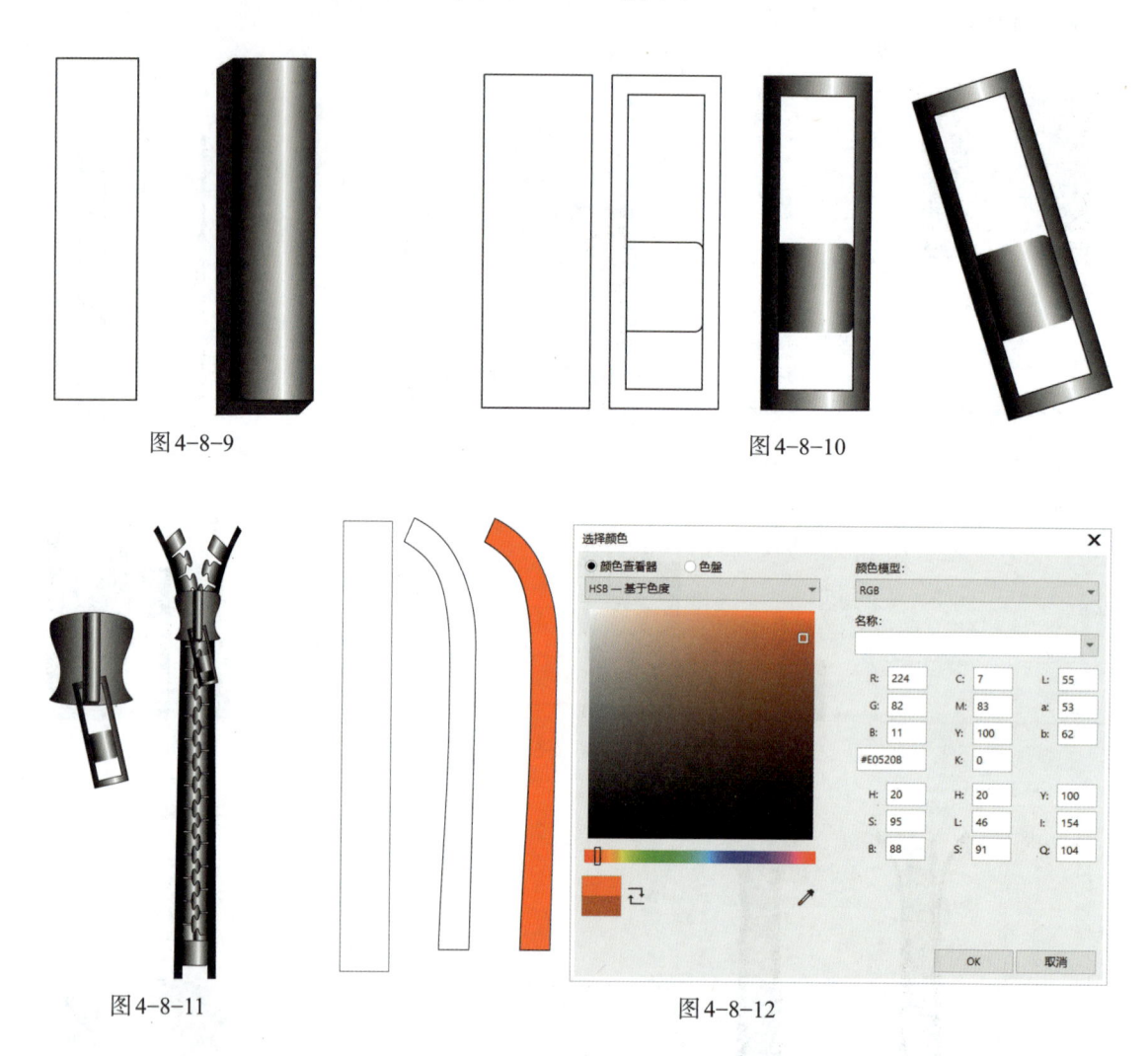

图4-8-9

图4-8-10

图4-8-11

图4-8-12

（12）单击工具箱中的【贝塞尔工具】画两条虚线，调整弯度，轮廓线为"白色"，单击属性栏中的【水平镜像】，放置于拉链两旁，如图4-8-13所示。

（13）将拉链头组合在一起，框选拉链手把，单击右键调整顺序到最前面，单击工具箱【交互式调和工具】选阴影工具，拉出拉链头的阴影部分，放置于拉链中，如图4-8-14所示。

（14）拉链最终效果如图4-8-15所示，单击标准工具栏中【保存】，将绘制好的拉链命名后保存。

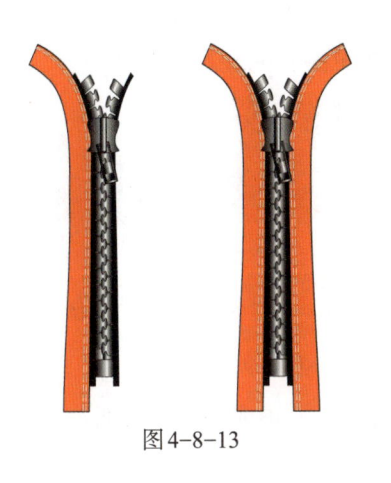

图 4-8-13 　　　　　　图 4-8-14 　　　　　　图 4-8-15

◎ **课后练习**

根据图 4-8-15 绘制拉链，并根据自己的想象力与创作力，设计一款拉链效果，并命名后保存。

◎ **学习评价**

拉链的绘制评价表

评分项目	评分要点	分值	自评	互评	师评	第三方评价	备注
拉链造型	拉链结构完整，造型美观	30					
色彩填充	色彩填充能表现拉链质感	30					
软件应用能力	图形与图像处理软件结合使用，绘图表现能力强	20					
整体效果	拉链整体效果生动自然，立体感强	15					
完成时间	在规定的时间内完成	5					
	合计	100					

任务九　拉链扣的绘制

一、任务导入

完成拉链扣效果图，如图 4-9-1 所示。

二、任务要求

（1）熟练使用 CorelDRAW X4 软件绘制调整拉链扣各部位的造型。

图 4-9-1　拉链扣的效果图

(2) 熟练使用CorelDRAW X4软件的渐变填充塑造拉链扣的金属质感。

(3) 熟练使用CorelDRAW X4软件调整拉链扣各部件的位置与顺序。

三、任务实施

拉链扣的绘制步骤

(1) 单击工具箱中的 【矩形工具】，绘制一个长方形，框选长方形，按右键选"转换为曲线"，再选择 【形状工具】，调整拉链扣的形状，如图4-9-2所示。

(2) 单击工具箱中的 【填充工具】，选择"渐变工具"填充颜色，如图4-9-3所示。

(3) 单击工具箱中的 【矩形工具】，绘制正方形，框选正方形，按右键选"转换为曲线"，再选择 【形状工具】，调整拉链头的形状，单击工具箱中的 【渐变填充工具】填充颜色，如图4-9-4所示。

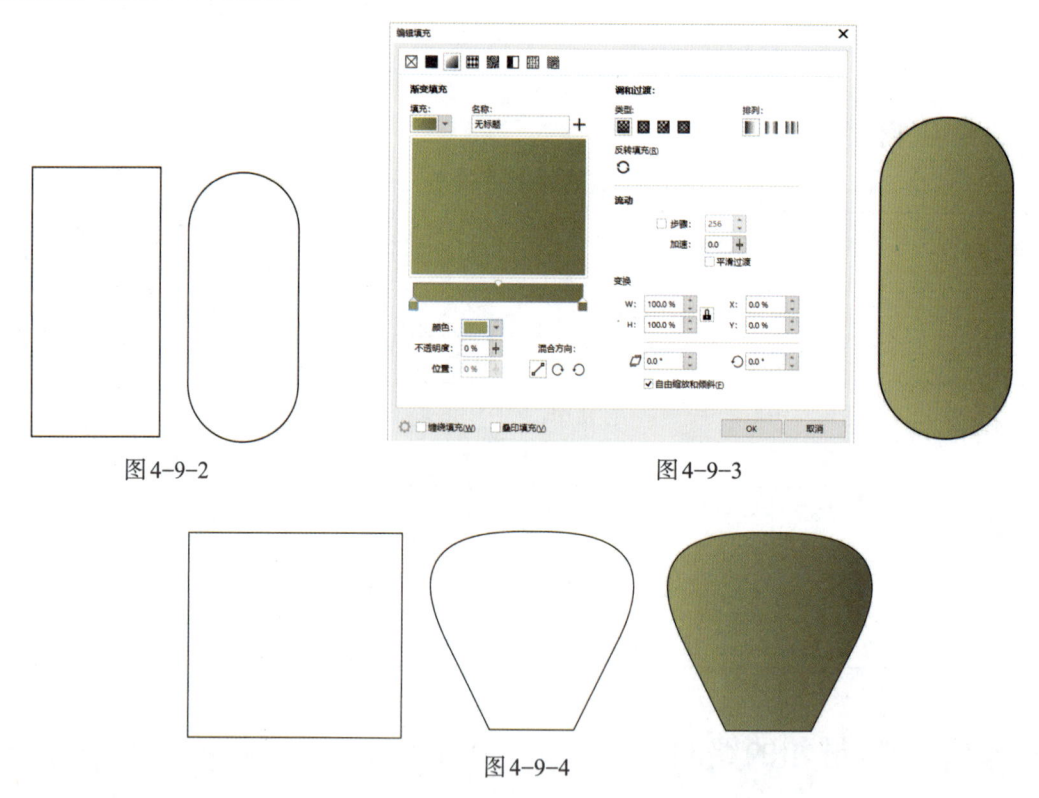

图4-9-2

图4-9-3

图4-9-4

(4) 把图4-9-3的长方形拖至图4-9-4的上面（单击鼠标右键，单击顺序，单击向后一层），如图4-9-5所示。

(5) 单击工具箱中的 【矩形工具】绘制长方形，框选长方形并按右键选"转换为曲线"，再选择 【形状工具】，调整为适合图形，单击工具箱中的 【渐变填充工具】填充颜色，如图4-9-6所示。

(6) 框选图4-9-6单击鼠标右键，单击顺序，单击向后一层，如图4-9-7所示。

(7) 单击工具箱中的 【矩形工具】，绘制四方形，框选四方形并按右键选"转换为曲线",再选择 【形状工具】调整为适合图形,并拖至图 4-9-7 的上面,如图 4-9-8 所示。

(8) 单击工具箱中的 【贝塞尔工具】绘制一个三角形,框选三角形并按右键选"转换为曲线",再选择 【形状工具】调整为适合图形并拖到拉链扣内,如图 4-9-9 所示。

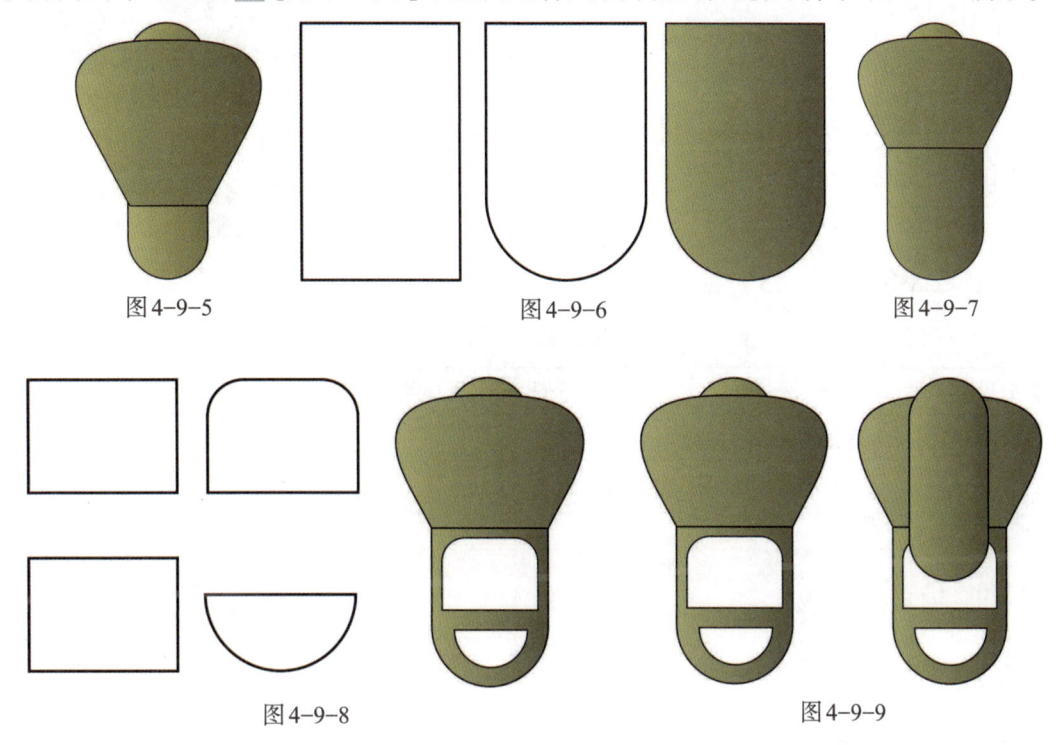

图 4-9-5　　　　　　　图 4-9-6　　　　　　　图 4-9-7

图 4-9-8　　　　　　　　　　　　图 4-9-9

(9) 单击工具箱中的 【矩形工具】绘制一个长方形,框选长方形并按右键选"转换为曲线",再选择 【形状工具】,调整适合的形状,单击工具箱中的 【渐变填充工具】填充颜色,调整金属质感,如图 4-9-10 所示。

(10) 单击工具箱的 【矩形工具】绘制一个长方形,框选长方形并按右键选"转换为曲线",再选择 【形状工具】,调整为适合的形状,再用 【渐变填充工具】填充金属的颜色,注意高光。然后拖至拉链扣上(单击右键,按顺序,向下一层),如图 4-9-11 所示。

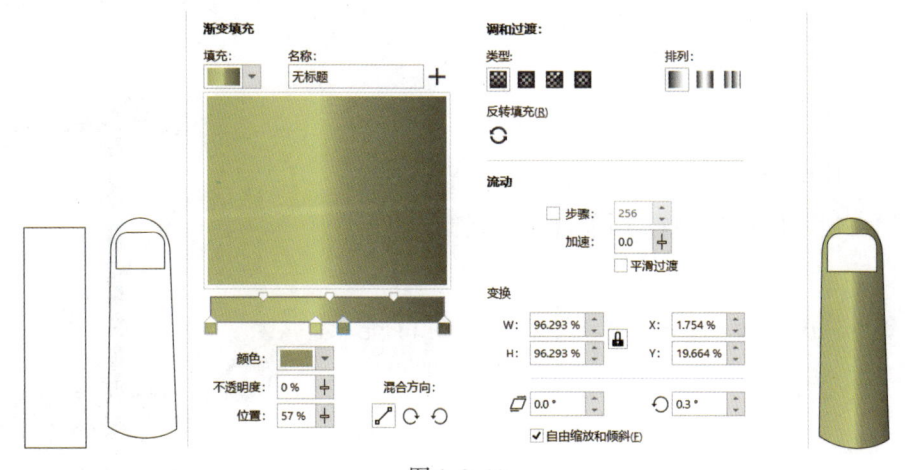

图 4-9-10

（11）最后把图 4-9-9 和图 4-9-11 组合，如图 4-9-12 所示。单击标准工具栏中 【保存】，将绘制好的拉链扣命名后保存。

◎ **课后练习**

根据图 4-9-12 绘制拉链扣，并尝试设计一款拉链扣效果，绘制并命名后保存。

图 4-9-11　图 4-9-12

◎ **学习评价**

拉链扣的绘制评价表

评分项目	评分要点	分值	自评	互评	师评	第三方评价	备注
拉链扣造型	拉链扣结构完整，造型美观	30					
色彩填充	色彩填充能表现拉链金属质感	30					
软件应用能力	图形与图像处理软件结合使用，绘图表现能力强	20					
整体效果	拉链扣整体效果生动自然，立体感强	15					
完成时间	在规定的时间内完成	5					
	合计	100					

任务十　皮带扣的绘制

皮带扣的绘制

一、任务导入

完成皮带扣效果图，如图 4-10-1 所示。

二、任务要求

（1）熟练使用 CorelDRAW X4 软件绘制皮带扣形状。

（2）熟练使用 CorelDRAW X4 软件的填充工具进行色彩填充。

（3）熟练使用 CorelDRAW X4 软件绘制皮带扣的完整效果。

图 4-10-1　皮带扣的效果图

三、任务实施

皮带扣的绘制步骤

（1）单击工具箱中的 【贝塞尔工具】绘制图案，如图4-10-2所示。

（2）单击工具箱中的 【填充工具】，选择"渐变填充"填充颜色，如图4-10-3所示。

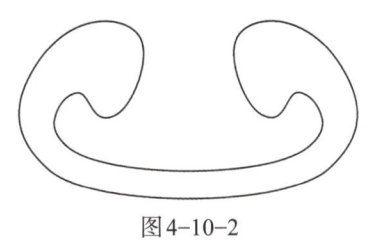

图4-10-2

（3）框选图形按住左键不放，单击右键，复制图形，单击属性栏中的 【垂直镜像】，如图4-10-4（a）所示，在此基础上按住左键不放，单击右键，复制图形，将复制的图形排列，如图4-10-4（b）所示。

（4）单击工具箱中的 【贝塞尔工具】，绘制连接图4-10-4所缺的两角，先画一边的角，用 【形状工具】调整圆顺，选择 【渐变填充工具】填充颜色，再框选图形按住左键不放，单击右键，复制图形，单击属性栏中的 【垂直镜像】，把画好的两个图形放到恰当的位置，如图4-10-5所示。

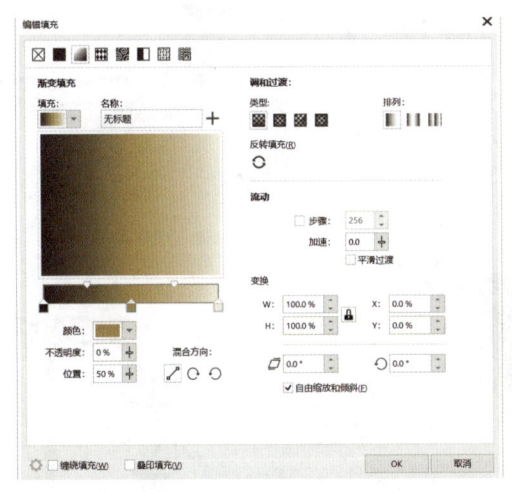

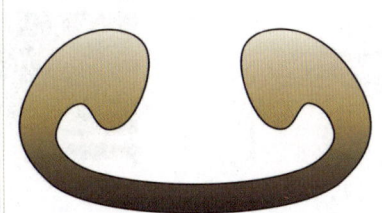

图4-10-3

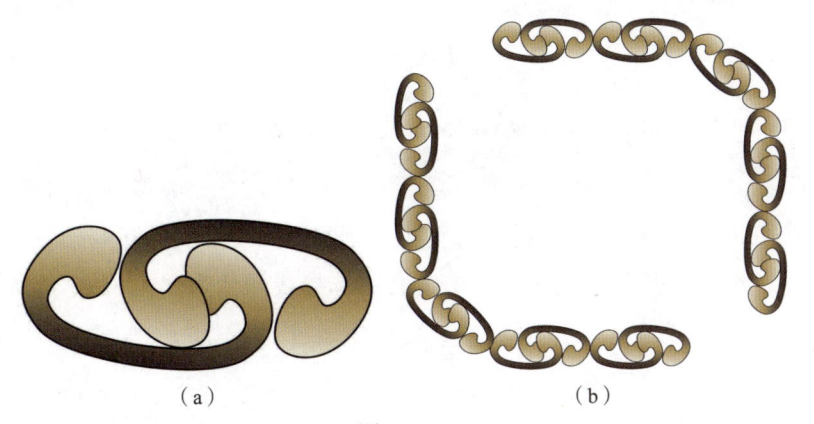

（a）　　　　　　（b）

图4-10-4

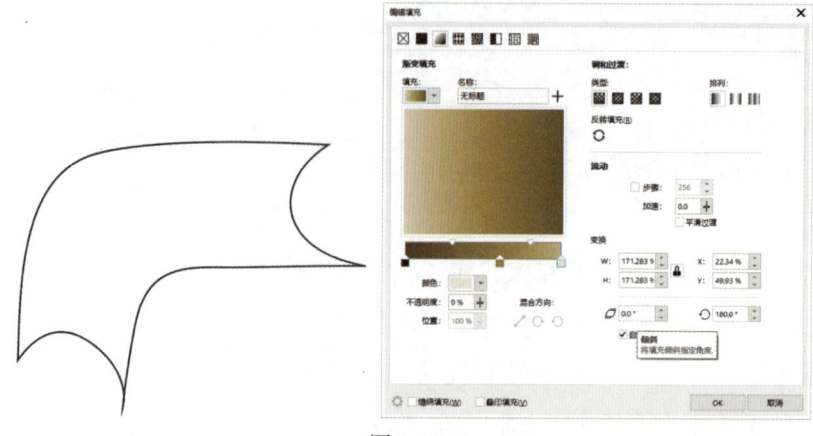

图4-10-5

(5)单击工具箱中的【阴影工具】,单击图形,按住左键不放,从对象中心单击并拖动调整阴影方向,如图4-10-6所示。

(6)单击工具箱中的【矩形工具】,绘制一个细长的长方形,单击工具箱中的【渐变填充工具】填充颜色,如图4-10-7所示。

(7)绘制针扣:单击工具箱中的【贝塞尔工具】绘

图4-10-6

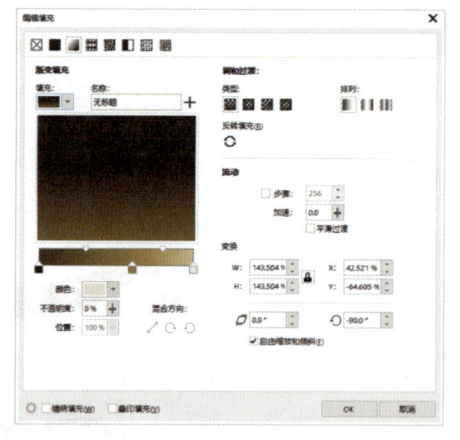

图4-10-7

制一个细长的长方形,并圆顺长方形头部,然后使用【渐变填充工具】填充颜色,如图4-10-8所示。

(8)绘制针扣高光:单击工具箱中的【贝塞尔工具】绘制针扣高光,调整为合适的形状,再使用"渐变工具"填充颜色,单击右键选择线颜色为"无",框选所有对象"群组",如图4-10-9(b)所示。单击标准工具栏中【保存】,将绘制好的皮带扣命名后保存。

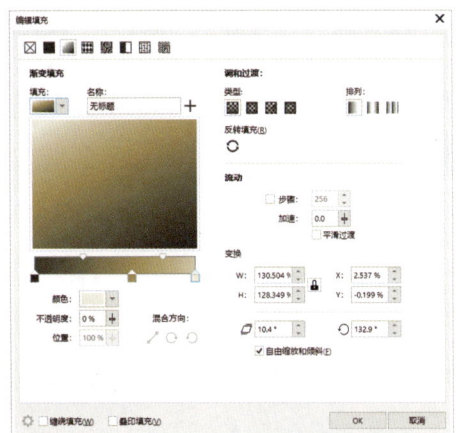

图 4-10-8

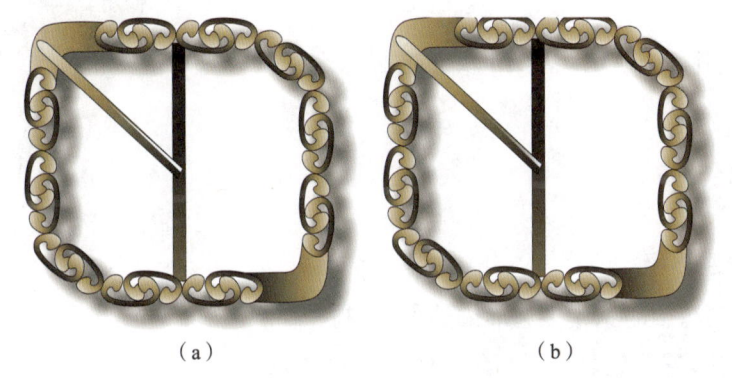

（a） （b）

图 4-10-9

◎ 课后练习

根据图 4-10-9 绘制皮带扣，并尝试设计一款皮带扣，绘制并保存后命名。

◎ 学习评价

皮带扣的绘制评价表

评分项目	评分要点	分值	自评	互评	师评	第三方评价	备注
皮带扣造型	造型美观大方、结构严谨	30					
色彩填充	色彩填充有层次，效果生动	30					
软件应用能力	图形与图像处理软件结合使用，绘图表现能力强	20					
整体效果	皮带扣整体效果完整，装饰性强	15					
完成时间	在规定的时间内完成	5					
	合计	100					

任务十一　爪珠扣的绘制

一、任务导入

完成爪珠扣效果图，如图4-11-1所示。

爪珠扣的绘制

二、任务要求

（1）熟练使用CorelDRAW X4软件填充工具塑造爪珠扣不同块面的光影效果。

（2）熟练使用CorelDRAW X4软件调整爪珠扣的内部透视效果。

（3）熟练使用CorelDRAW X4软件绘制爪珠扣的完整效果。

三、任务实施

爪珠扣的绘制步骤

（1）单击工具箱中的 【多边形工具】，绘制一个八边形，单击工具箱中的 【填充工具】，选择"渐变填充"工具填充颜色，如图4-11-2所示。

（2）单击工具箱中的 【多边形工具】，绘制一个四边形，框选四边形按住左键不放，单击右键，复制三个四边形并调整为合适的图形，再分别选"渐变填充"工具填充颜色，注意线性角度的选择，如图4-11-3所示。

（3）单击工具箱中的 【贝塞尔工具】绘制三个三角形，放于图形下面，分别框选三角形，再选"渐变填充"工具填充颜色，如图4-11-4所示。

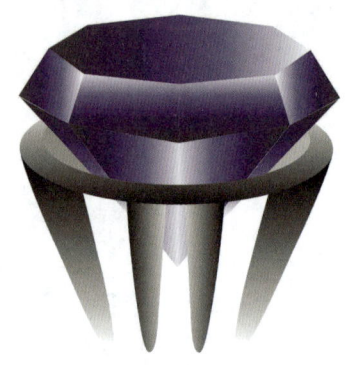

图4-11-1　爪珠扣的效果图

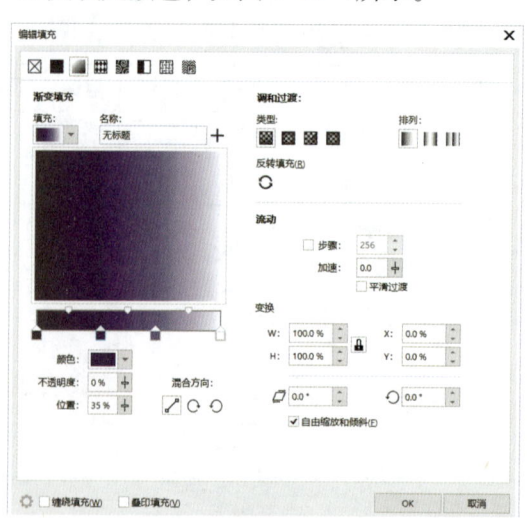

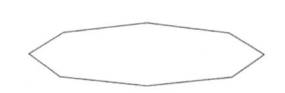

图4-11-2

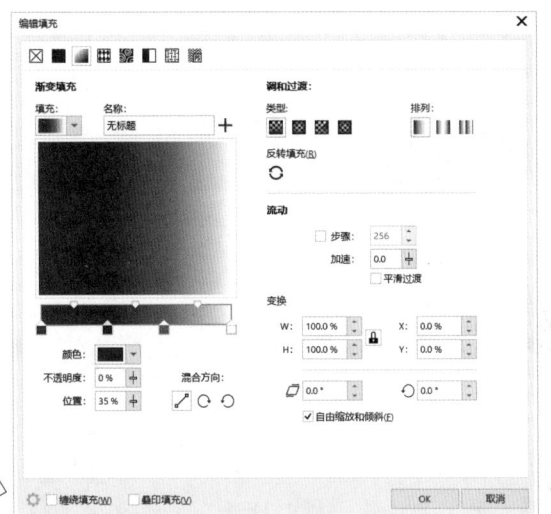

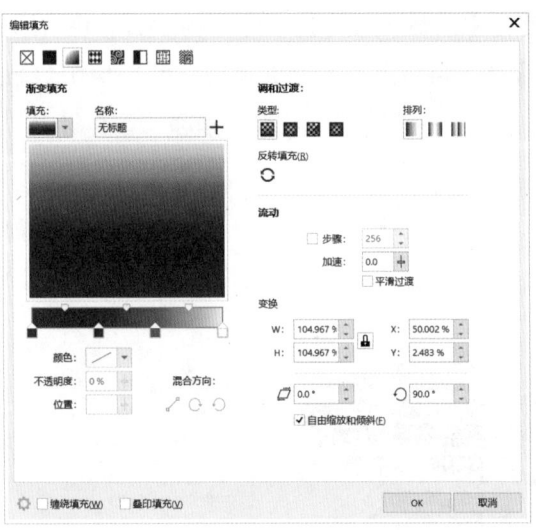

图 4-11-3

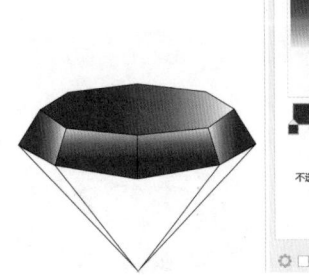

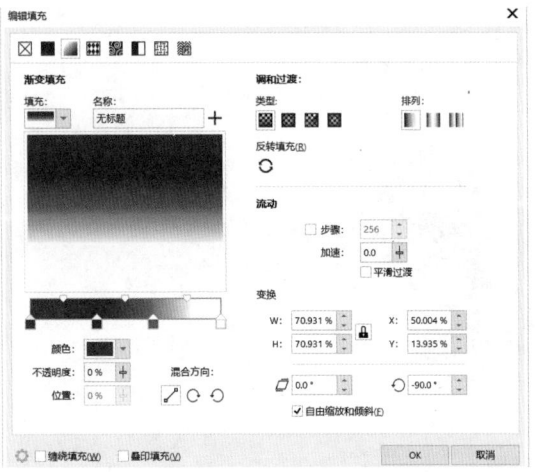

图 4-11-4

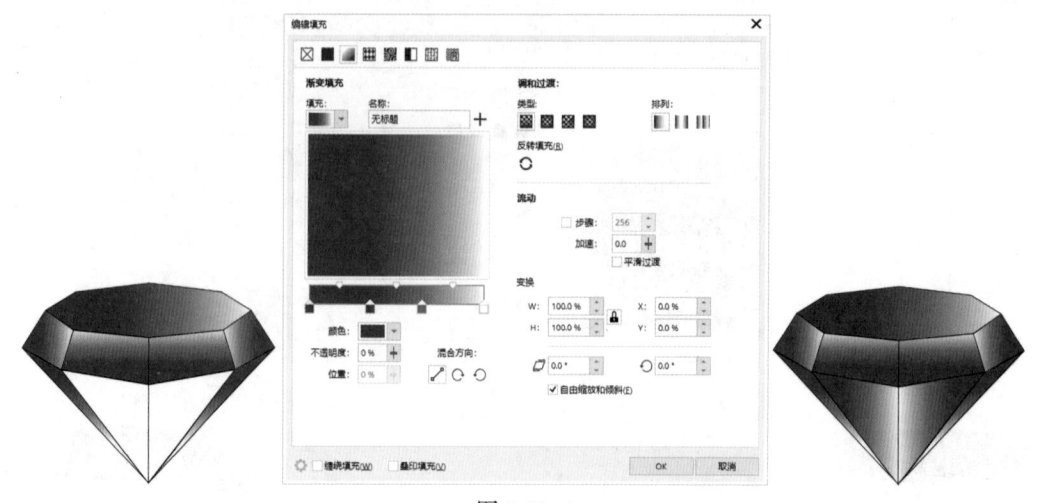

图 4-11-4

（4）单击工具箱中的 ◯【椭圆形工具】，绘制一个椭圆，选"渐变填充"工具填充颜色，用同样方法再绘制一个椭圆，再将大小圆形重叠在一起，小圆放到最上层，【选菜单栏】→【排列】→【对齐】→【分布】→分别进行"水平"和"垂直居中"，如图 4-11-5 所示。

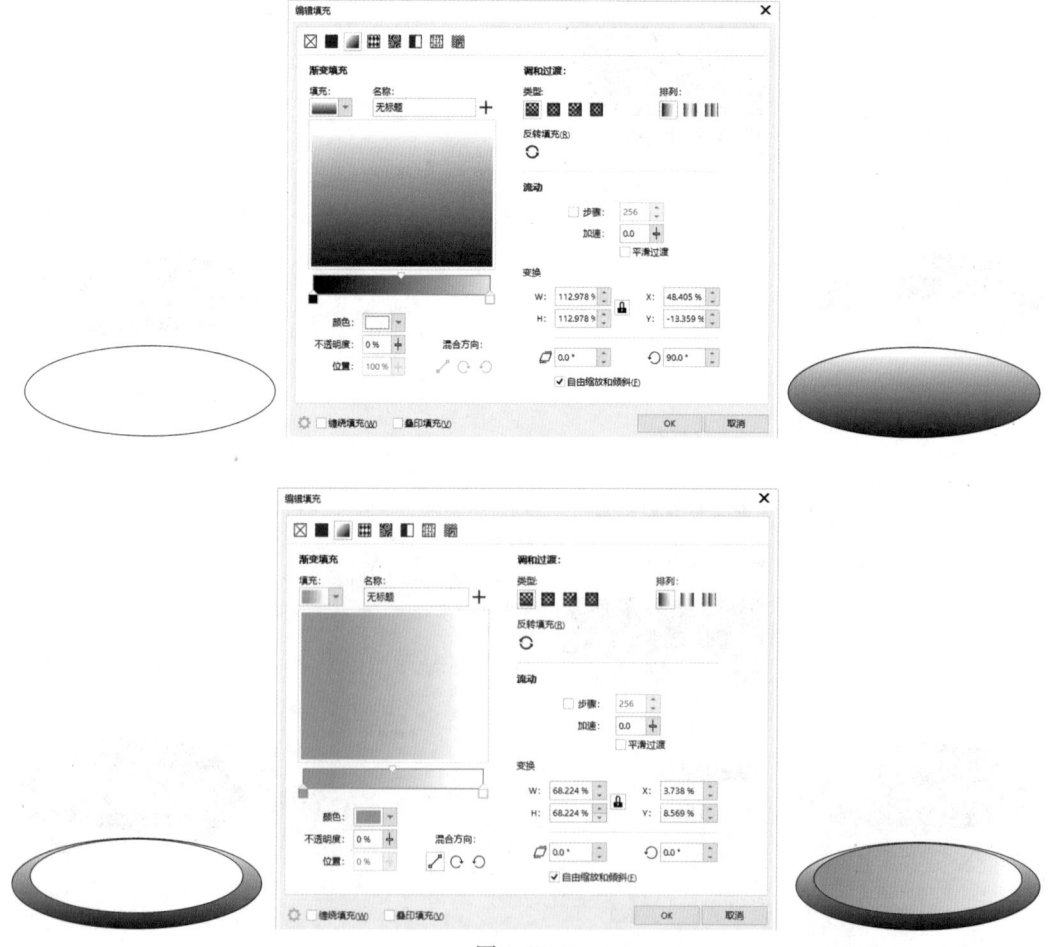

图 4-11-5

(5) 单击工具箱中的 【贝塞尔工具】绘制四个小脚爪，分别用"渐变填充"工具填充颜色并调整图形，如图4-11-6所示。

(6) 将图4-11-4放到图4-11-6上面，根据图4-11-4的形状单击工具箱中的 【贝塞尔工具】，按照透视关系绘制重叠部分图形，把图4-11-4移开，框选绘制重叠部分的图形，再单击【菜单栏】→【排列】→【造型】→【修剪】对图4-11-6进行修剪，将被图4-11-4挡住的部分裁剪掉，再把图4-11-4放到被修剪图的上面。如图4-11-7和图4-11-8所示。

(7) 框选图4-11-8，单击工具箱中的 【轮廓笔工具】，选择"无"，如图4-11-9所示。单击标准工具栏中 【保存】，将绘制好的爪珠扣命名后保存。

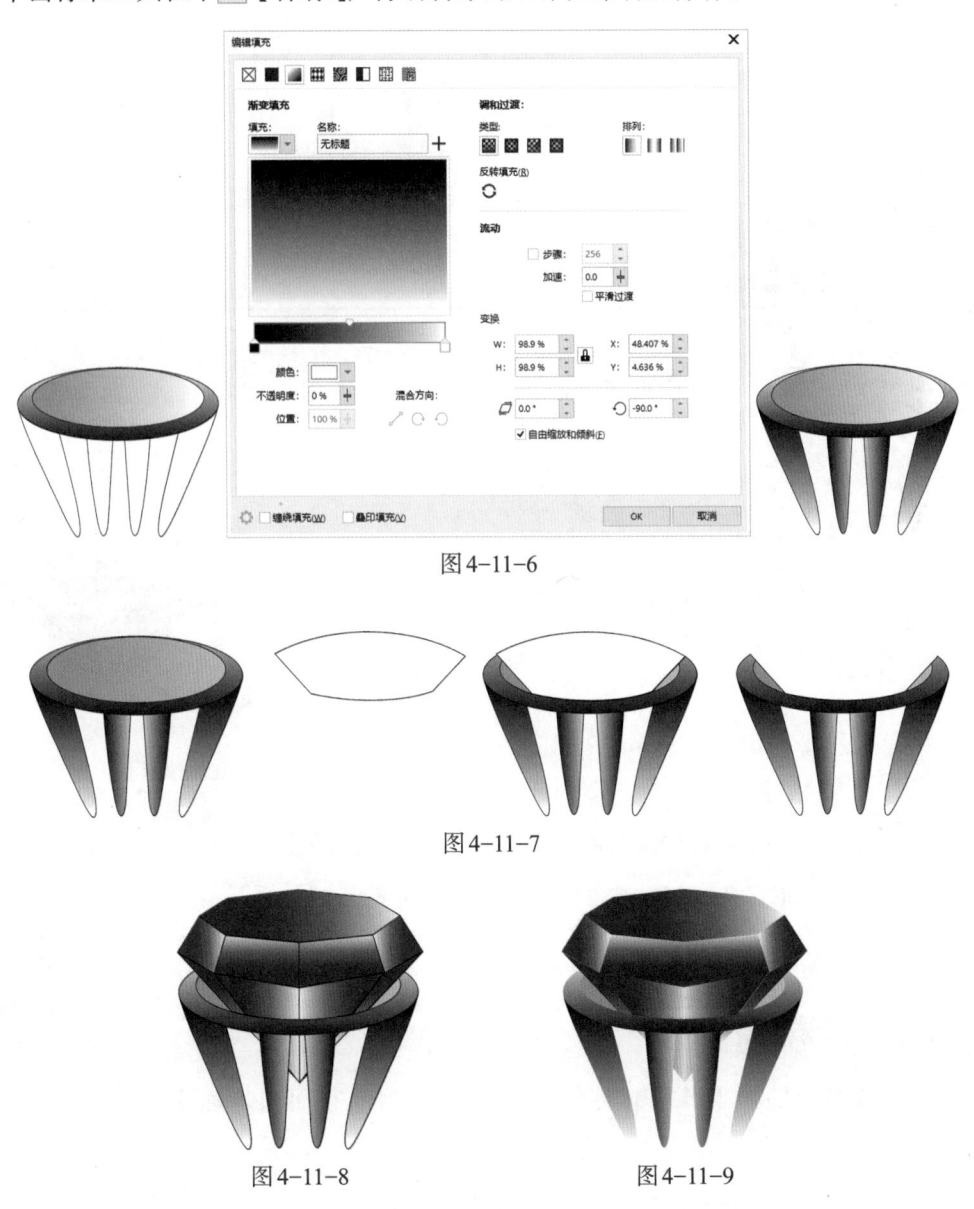

图4-11-6

图4-11-7

图4-11-8　　　　　　图4-11-9

◎ 课后练习

根据图4-11-9绘制爪珠扣，并根据自己的想象力与创作力，设计一款爪珠扣效果，保存后命名。

◎ 学习评价

爪珠扣的绘制评价表

评分项目	评分要点	分值	自评	互评	师评	第三方评价	备注
结构造型	爪珠扣结构完整，层次分明	30					
色彩填充	色彩填充协调，各块面光影效果生动	30					
软件应用能力	图形与图像处理软件结合使用，绘图表现能力强	20					
整体效果	整体造型美观大方，装饰性强	15					
完成时间	在规定的时间内完成	5					
	合计	100					

任务十二　牛仔耳环的绘制

一、任务导入

完成牛仔耳环效果图，如图4-12-1所示。

二、任务要求

（1）熟练使用CorelDRAW X4软件完成牛仔面料部分的肌理效果。

图4-12-1　牛仔耳环效果图

（2）熟练使用CorelDRAW X4软件表现耳环金属部分的质感。

（3）熟练使用CorelDRAW X4软件调整耳环各部分的透视关系。

三、任务实施

牛仔耳环的绘制

牛仔耳环的绘制步骤

（1）单击工具箱的【贝塞尔工具】绘制牛仔耳环布正面和侧面图形，填充颜色，如图4-12-2所示。

（2）绘制牛仔耳环条纹：单击工具箱中的【贝塞尔工具】画一条斜线，按"Ctrl"键水平移动，按住左键不松同时按右键粘贴，使用【交互式调和工具】拉出牛仔耳环的条纹，选择牛仔耳环的条纹，按【调色板】设置颜色为"白色"，再选牛仔耳环的【条纹图案】→【菜单栏】→【效果】→【图框精确裁剪】→【放置在容器中】，单击牛仔耳环布正面图形，这样就把画好的条纹图案放置到牛仔耳环布的正面图形里。用同样的方法绘制牛仔耳环布侧面的条纹图案，单击【交互式填充工具】进行效果处理，如图4-12-3所示。

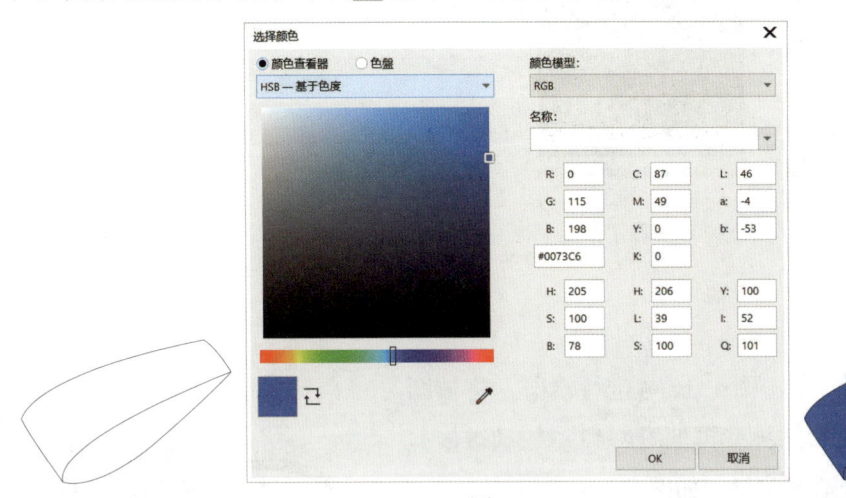

图4-12-2

（3）单击工具箱中的【椭圆形工具】绘制两个椭圆做牛仔圆环，框选两个椭圆，按右键选"结合"，用"渐变填充"工具选自定义填充颜色，再复制一个椭圆，大小不一，轮廓线填"白色"，如图4-12-4所示。

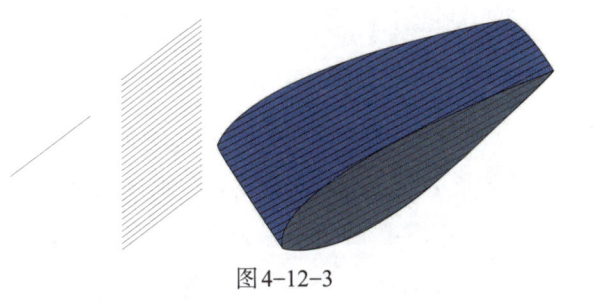

图4-12-3

（4）将图4-12-3放到图4-12-4的上面，根据图4-12-3的形状，单击工具箱中的【贝塞尔工具】，按照透视关系绘制重叠部分的图形，把图4-12-3移开，框选绘制重叠部分的图形，再选菜单栏里的【排列】→【造形、

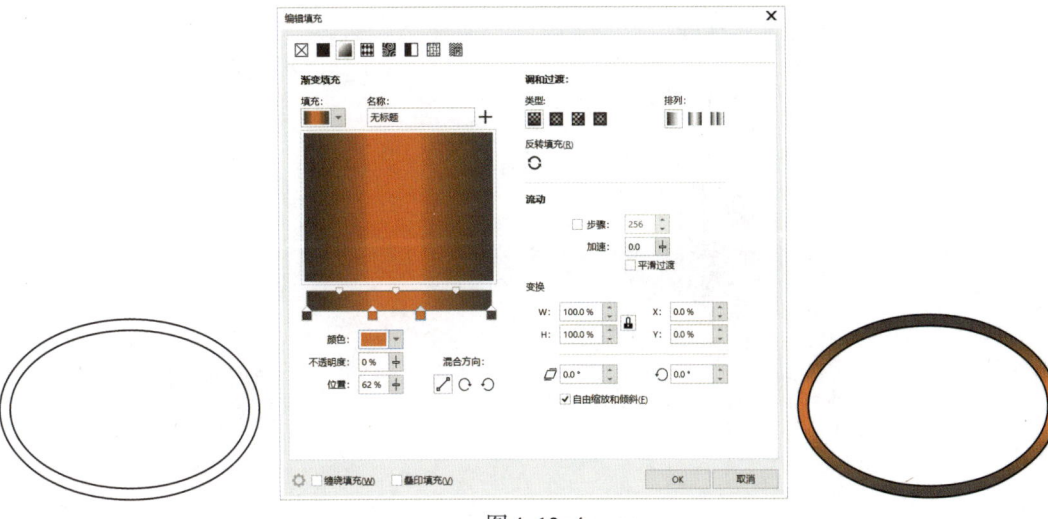

图4-12-4

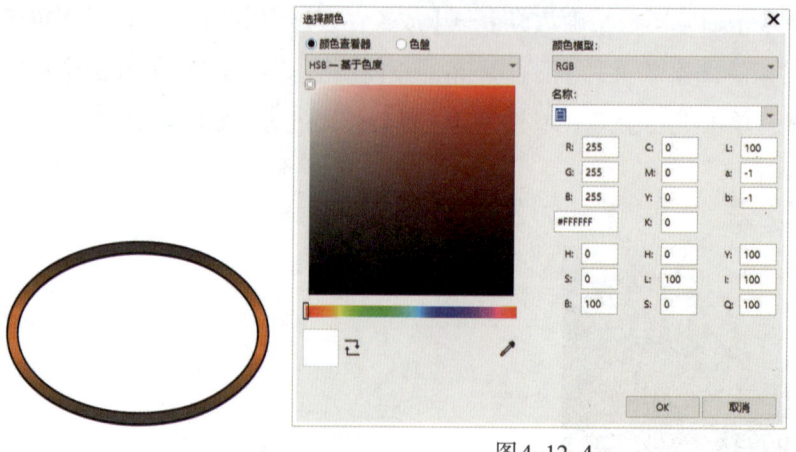

图 4-12-4

修剪】→【修剪】,单击图 4-12-4 进行修剪,将被图 4-12-3 挡住的部分裁剪掉,再把图 4-12-3 放到被修剪图的上面,调整合适的位置,如图 4-12-5 所示。

(5)绘制牛仔耳环上的金夹子:单击工具箱中的【矩形工具】绘制一个矩形,调整大小、方向,用"渐变填充"工具填充颜色,单击工具箱中的【贝塞尔工具】绘制另一个小四边形,调整大小、方向,放置于矩形下面,用"渐变填充"工具填充颜色,如图 4-12-6 所示。

图 4-12-5

(6)把图 4-12-5 牛仔布图形放置金夹子之间并调整图形大小,如图 4-12-7 所示。

(7)绘制金夹子里的小钻图案,单击工具箱中的【椭圆形工具】画出大小适中的圆形,选"渐变填充"工具类型里的圆锥和自定义填充颜色,再选【菜单栏】→【窗口】→【变换】→【位置】→【垂直输入20mm】→【应用到再制】,同时复制六个圆形,最后框选【圆形】→【菜单栏】→【窗口】→【变换】→【位置】→【水平输入20mm】→【应用到再制】,复制八排圆形,如图 4-12-8 所示。

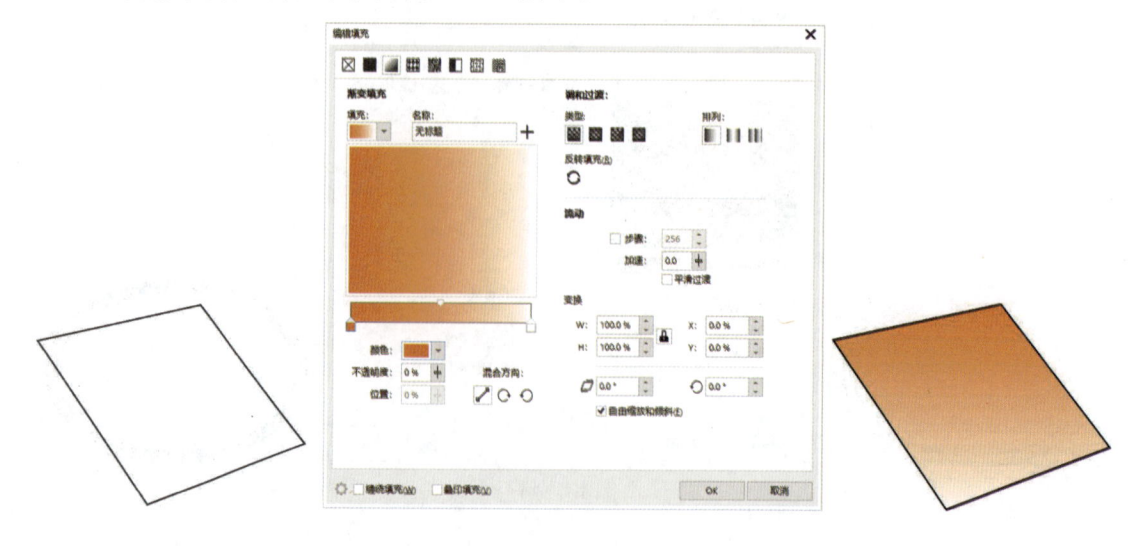

模块二　CorelDRAW X4 企业实践模块

图 4-12-6

图 4-12-7

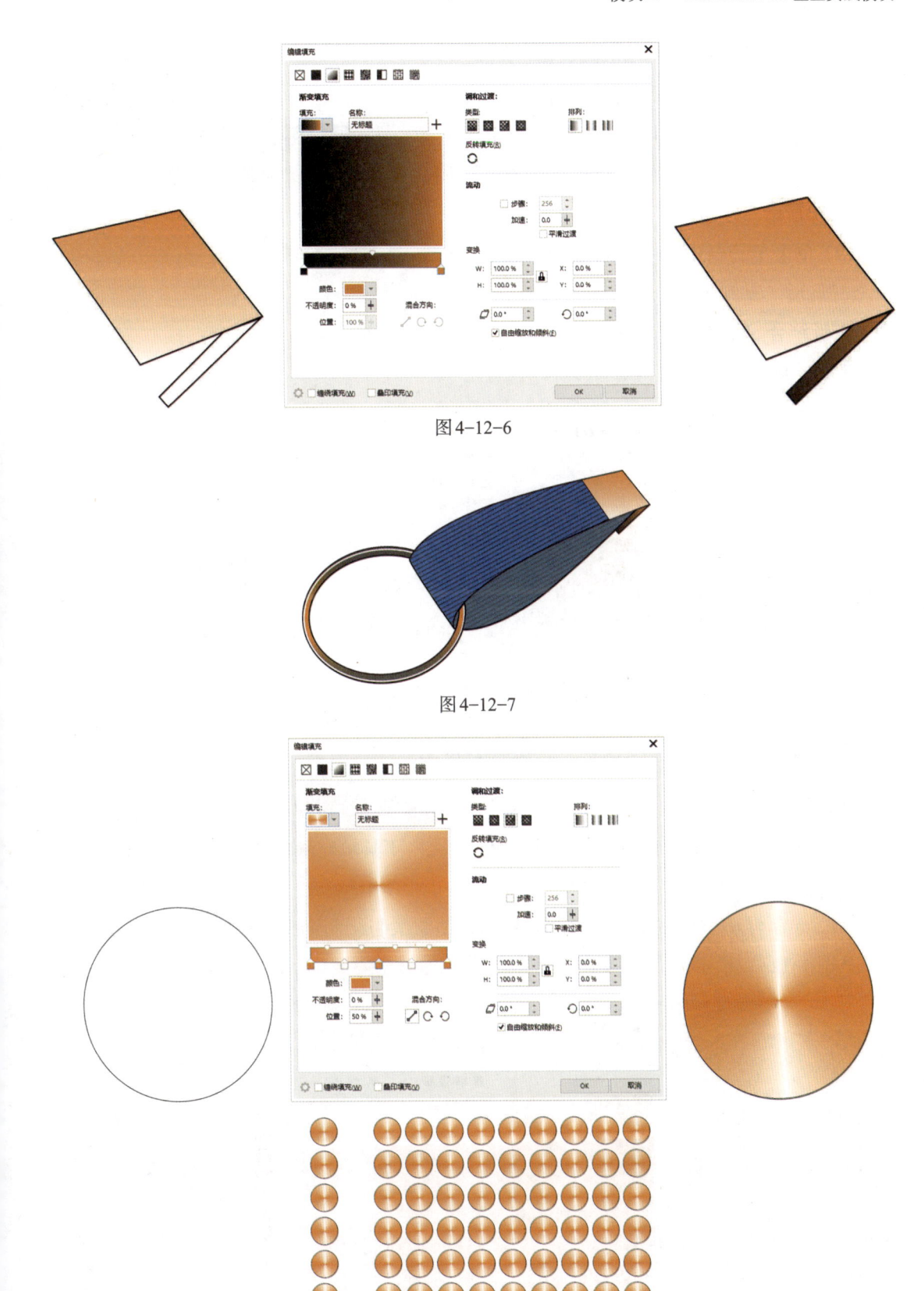

图 4-12-8

117

(8) 框选所有绘制好的小钻图案,按右键选"群组",框选群组好的小钻图案后单击【菜单栏】→【效果】→【图框精确裁剪】→【放置在容器中】后,再单击金夹子,将小钻图案置入金夹子里,如图4-12-9所示。

图4-12-9

(9) 单击工具箱中的【贝塞尔工具】画出一个三角形,复制另一个,缩小后放置在里面,单击右键结合,用"渐变填充"工具填充颜色并调整大小,再去除轮廓线,图4-12-10所示。

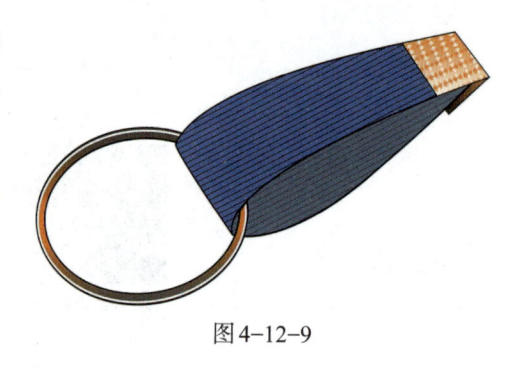

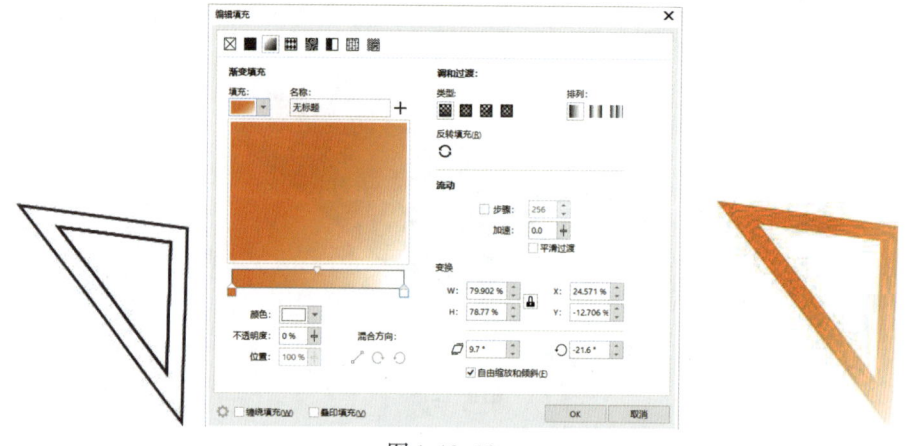

图4-12-10

(10) 用同样的方法单击工具箱中的【贝塞尔工具】画出一个四方形,复制另一个,缩小后放置在里面,单击右键结合,用"渐变填充"工具填充颜色并调整大小,再去除轮廓线,如图4-12-11所示。

(11) 绘制耳环小扣钻图案:绘制耳环小扣钻图案与绘制金夹子里的小钻图案方法相同,如图4-12-12所示。

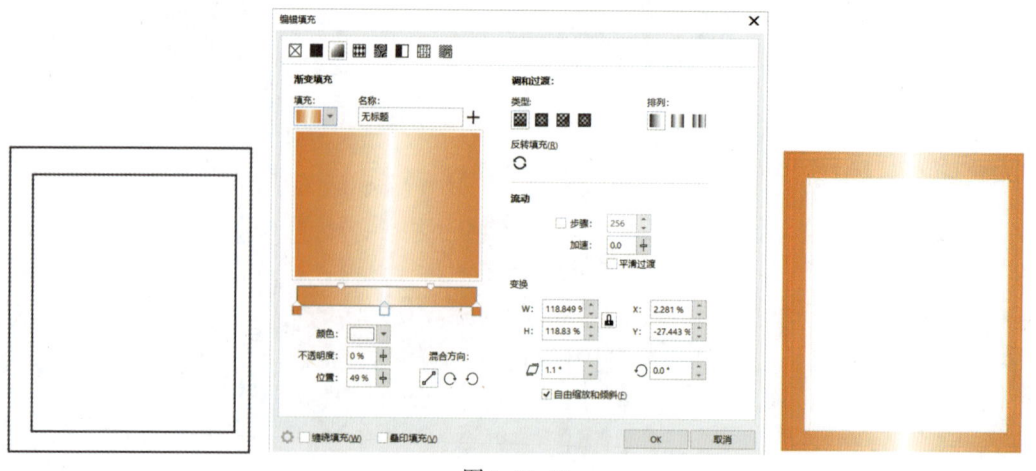

图4-12-11

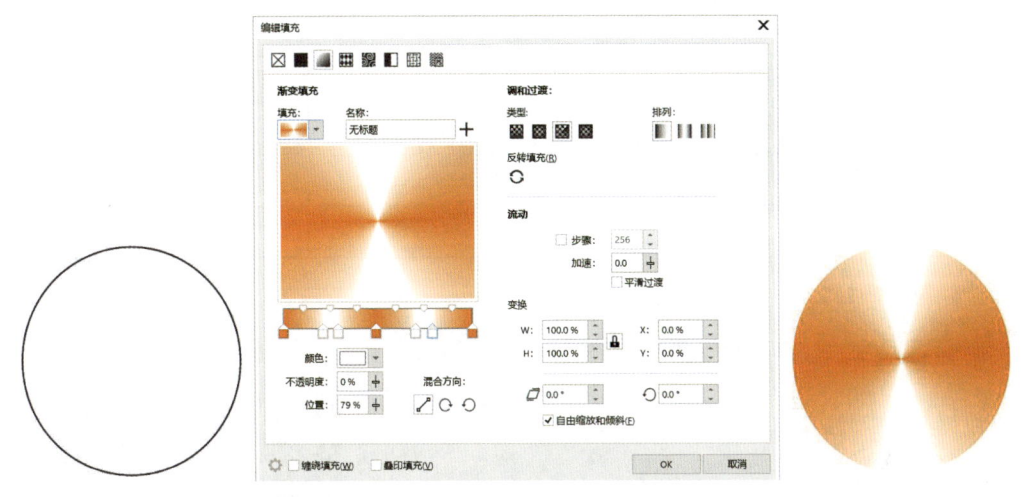

模块二　CorelDRAW X4 企业实践模块

图 4-12-12

（12）将三角图形和四方形叠放在一起，再选【菜单栏】→【排列】→【造型、焊接】→【焊接到】后单击四方形进行焊接，再把钻扣合理放在四方形的上面并群组，如图 4-12-13 所示。

（13）单击工具箱中的【阴影工具】，把整个耳环拉出阴影，使之有立体感，如图 4-12-14 所示。单击标准工具栏中【保存】，将绘制好的牛仔耳环命名后保存。

图 4-12-13　　　　　　　　图 4-12-14

◎ **课后练习**

根据图 4-12-14 绘制牛仔耳环，并尝试设计一款牛仔耳环，绘制并保存后命名。

◎ **学习评价**

牛仔耳环的绘制评价表

评分项目	评分要点	分值	自评	互评	师评	第三方评价	备注
牛仔布料	布料处理有质感，肌理效果自然	30					
金属部分	金属质感生动，光影效果自然	30					
软件应用能力	图形与图像处理软件结合使用，绘图表现能力强	20					

119

续表

评分项目	评分要点	分值	自评	互评	师评	第三方评价	备注
整体效果	耳环整体效果美观大方，装饰性强	15					
完成时间	在规定的时间内完成	5					
	合计	100					

任务十三　牛仔包的绘制

一、任务导入

完成牛仔包效果图，如图4-13-1所示。

牛仔包的绘制（上）　　牛仔包的绘制（下）

二、任务要求

（1）熟练使用CorelDRAW X4软件绘制并调整牛仔包各部位组件的形状。

（2）熟练使用CorelDRAW X4软件表现牛仔面料及金属配件的质感。

（3）熟练使用CorelDRAW X4软件牛仔包的完整效果。

三、任务实施

牛仔包的绘制步骤

（1）绘制牛仔包正面：单击工具箱中的【矩形工具】，在页面空白处绘制一个矩形。选择矩形后单击鼠标右键选"转换为曲线"，把矩形转换为曲线，单击工具箱中的【形状工具】，选中相应的节点和线段，调整对象形状，完成牛仔包正面形状，单击调色板上的"白色"，为图形填充白色，形成牛仔包形状，如图4-13-2所示。

（2）绘制牛仔包侧面：单击工具箱中的【矩形工具】，在页面空白处绘制一个矩形。选择矩形，单击鼠标右键选"转换为曲线"，把矩形转换为曲线，单击工具箱中的【形状工具】，选中相应的节点和线段，调整对象形状为牛仔包的包身侧面形状，单击调色板上"白色"，为图形填充白色，形成牛仔包立体效果，如图4-13-3所示。

（3）绘制牛仔包袋盖：按照同样方法绘制牛仔包袋盖立体效果，如图4-13-4所示。

（4）单击工具箱中的【贝塞尔工具】，绘制牛仔包的细节以及明线，单击工具箱中的【形状工具】，按照包的结构进行调整，如图4-13-5所示。

（5）单击工具箱中的【椭圆形工具】，在空白页面处绘制两个大小不一的圆形，框选两个正圆形，调整其大小，并重叠，放置于牛仔包合适的位置，作为牛仔包的金属圈；框

图4-13-1　牛仔包的效果图

选两个正圆形,按住鼠标左键不放,单击鼠标右键再制对象,利用键盘上的方向键适当调整对象的位置,如图4-13-6所示。

图4-13-2

图4-13-3

图4-13-4

图4-13-5

图4-13-6

(6)绘制金属扣:单击工具箱中的 【贝塞尔工具】,绘制两个大小不一的金属扣图形(也可先绘制一个金属扣图形再复制粘贴一个),如图4-13-7所示。

(7)绘制牛仔包手提带:单击工具箱中的 【矩形工具】,在空白页面处绘制一个矩形,框选矩形,单击鼠标右键选"转换为曲线",把矩形转换为曲线,调整其大小,使其形状调整为牛仔包带,作为牛仔包的手提一侧,使用同一种方法,绘制牛仔包手提带的另一侧,再用 【贝塞尔工具】绘制几条线段,调整后作为牛仔包的纹路,如图4-13-8所示。

图 4-13-7

图 4-13-8

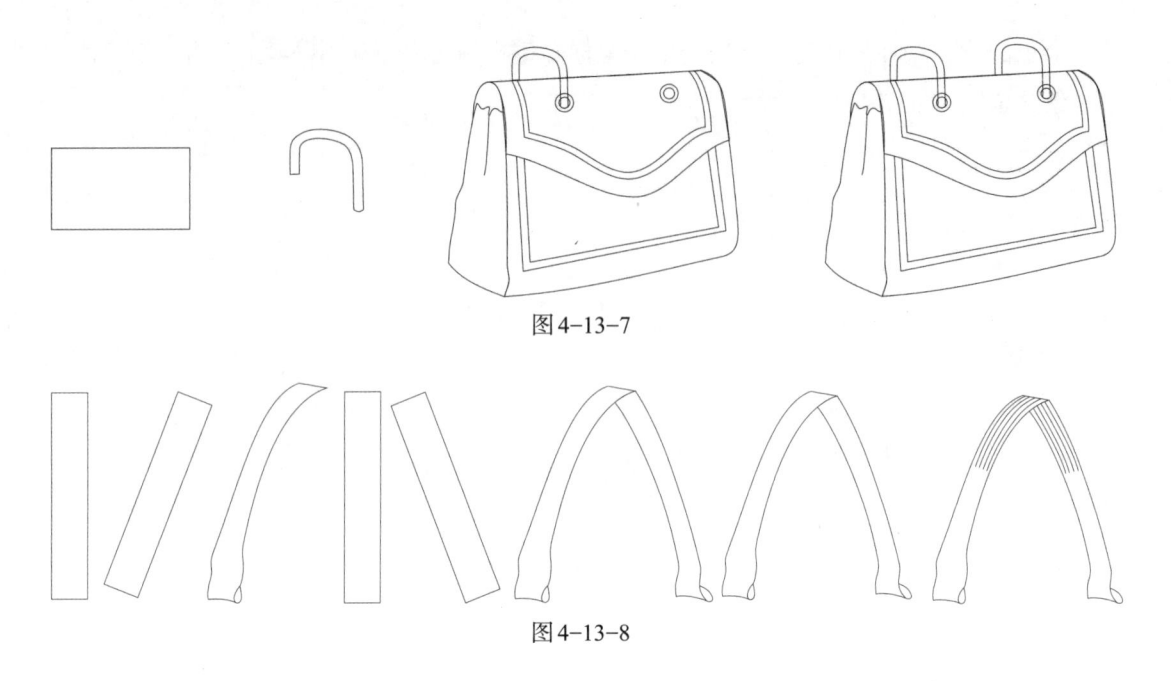

(8) 将上一步绘制好的牛仔包带放置于牛仔包上方,并调整大小与角度,如图 4-13-9 所示。

图 4-13-9

(9) 绘制牛仔面料:单击工具箱中的 ▢【矩形工具】,在空白页面绘制一个矩形图形,单击工具栏上的 ▨【底纹填充工具】,选择"样品/梦幻星空",将其中的紫色换成深色的蓝色,白色不变,形成牛仔洗水的效果颜色,如图 4-13-10 所示。

(10) 单击菜单栏【效果】→【图框精确剪裁】→【放置于容器中】,将上一步绘制好的牛仔洗水面料分别放置于牛仔包正面、侧面的上面,再用"渐变填充"工具选自定义,颜色选蓝色和白色。填充金属扣眼为渐变效果,如图 4-13-11 所示。

(11) 框选绘制好的牛仔洗水面料,单击工具箱中的 ▨【底纹填充工具】,选择【样品】→【梦幻星空】,将深蓝色换成更深一度的蓝色,使绘制好的牛仔包盖与牛仔包身颜色深浅有所区别,并用上面的方法分别放置于牛仔包盖、包带(包带左侧)位置,用同样方法绘制包带右侧面料(比左边一侧颜色深点),如图 4-13-12 所示。

图 4-13-10

图 4-13-11

图 4-13-12

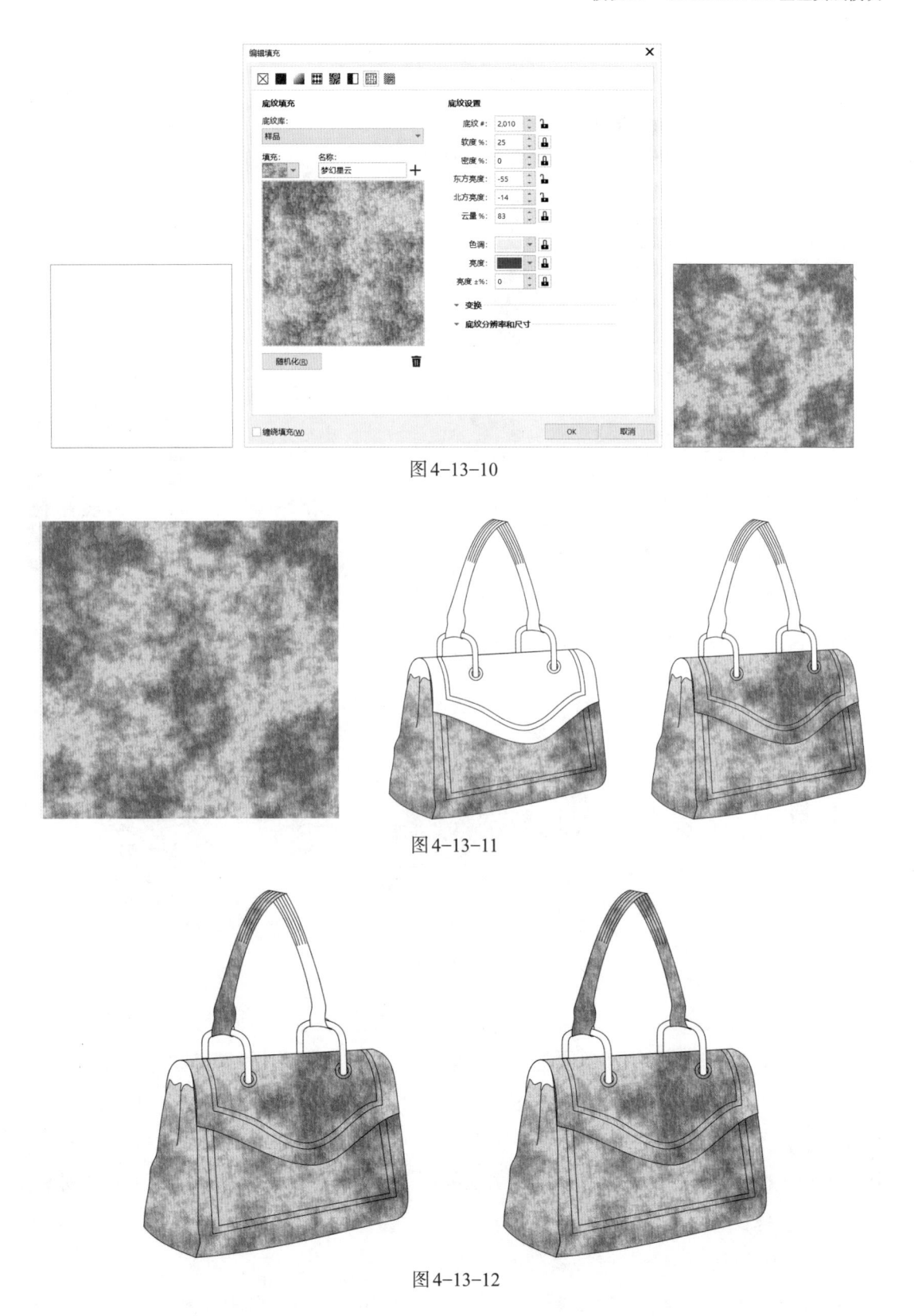

（12）绘制金属圈：框选绘制好的金属圈，并单击工具箱中的■【渐变填充工具】，选择自定义填充，颜色两端选择"鲜黄色"，其次选择"土黄色"，再选择"白色"，形成金属

123

感,并进行填充,放置于牛仔包金属圈中,如图4-13-13、图4-13-14所示。

图4-13-13

图4-13-14

(13)绘制金属扣:单击工具箱中的【矩形工具】,在空白页面处绘制一个矩形,单击工具箱中的【渐变填充工具】选"自定义填充",颜色两端选择"鲜黄色",其次选择"土黄色",再选择"白色",形成金属感,并进行填充,如图4-13-15所示。单击工具箱中的【交互式调和工具】进行立体化,选中矩形,按鼠标左键,向右拖拉至左端,释放左键,形成一个立体长方形图案,用同样方法绘制一个长度一致、宽度较小的长方形图案,形成一个立体长方形图案,调整其大小与角度并放置于牛仔包合适的位置,金属扣效果如图4-13-16所示。

(14)框选所有对象,执行工具栏属性栏中的"群组"命令,对所有图形进行群组,完成牛仔包的绘制,如图4-13-17所示,单击标准工具栏中【保存】,将绘制好的牛仔包包命名后保存。

图 4-13-15

图 4-13-16　　　　　　　　图 4-13-17

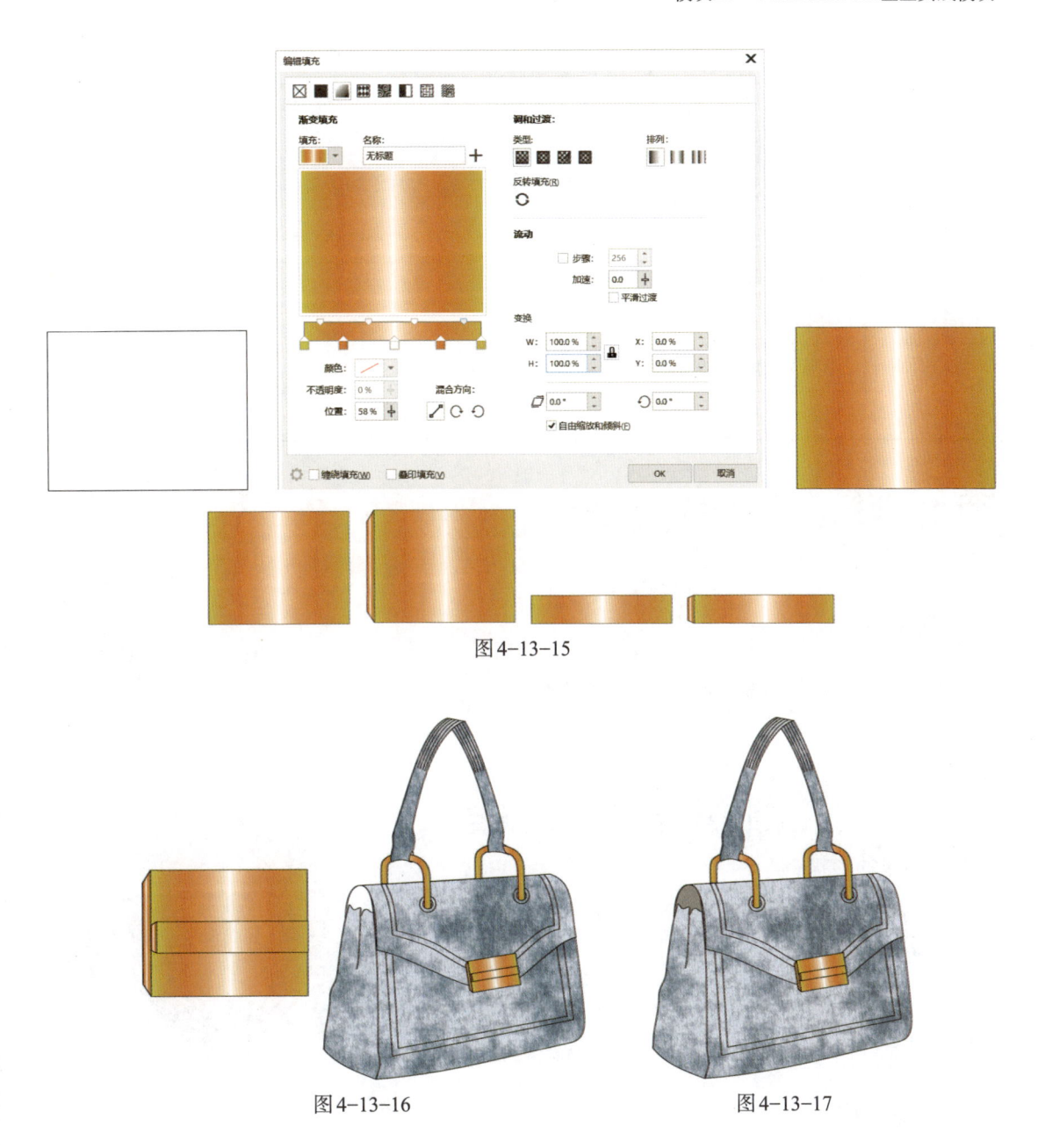

◎ **课后练习**

根据图 4-13-17 绘制牛仔包，并根据自己的想象力与创作力，设计一款牛仔包，保存后命名。

◎ **学习评价**

牛仔包的绘制评价表

评分项目	评分要点	分值	自评	互评	师评	第三方评价	备注
牛仔布料	布料处理有质感，肌理效果自然	30					

续表

评分项目	评分要点	分值	自评	互评	师评	第三方评价	备注
金属部分	金属质感生动，光影效果自然	30					
软件应用能力	图形与图像处理软件结合使用，绘图表现能力强	20					
整体效果	牛仔包整体效果完整，装饰性强	15					
完成时间	在规定的时间内完成	5					
合计		100					

任务十四 牛仔棒球帽的绘制

一、任务导入

完成牛仔棒球帽效果图，如图4-14-1所示。

牛仔棒球帽的绘制

二、任务要求

（1）熟练使用CorelDRAW X4软件绘制并调整帽身与帽檐的形状。

（2）熟练使用CorelDRAW X4软件表现牛仔面料的质感。

（3）熟练使用CorelDRAW X4软件牛仔棒球帽的完整效果。

图4-14-1 牛仔棒球帽的效果图

三、任务实施

牛仔棒球帽的绘制步骤

（1）单击工具箱中的 【椭圆形工具】或按快捷键F7，绘制一个椭圆，选择"挑选工具"，框选对象按右键选 转换为曲线(V)   Ctrl，用"形状工具"调整帽身图形效果，如图4-14-2所示。

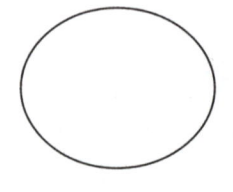

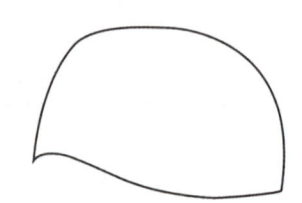

图4-14-2

（2）选择工具箱中的 ◯【椭圆形工具】，绘制椭圆，再用 ▶【形状工具】按右键 ⊙【转换为曲线】，绘制适合帽檐的形状。用 ▶【贝塞尔工具】绘制帽子的内侧，如图4-14-3所示。

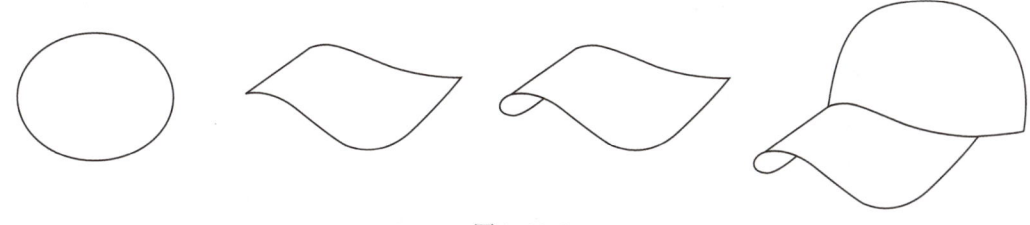

图4-14-3

（3）单击工具箱中的 ▶【贝赛尔工具】分别在帽身上绘制6条曲线，在帽檐上绘制4条曲线，作为帽子装饰线，效果如图4-14-4所示。

（4）选择工具箱中的 ◯【椭圆形工具】，绘制一个椭圆，放置与帽身顶上位置，作为帽子的扣子，效果如图4-14-5所示。

（5）单击工具箱中的 ▭【矩形工具】，绘制一个长方形，再单击 ◆【填充工具】选"渐变填充"，设置效果参数和渐变颜色，单击确定。隐藏轮廓线，效果如图4-14-6所示。

图4-14-4　　　　　　　　　　　　　图4-14-5

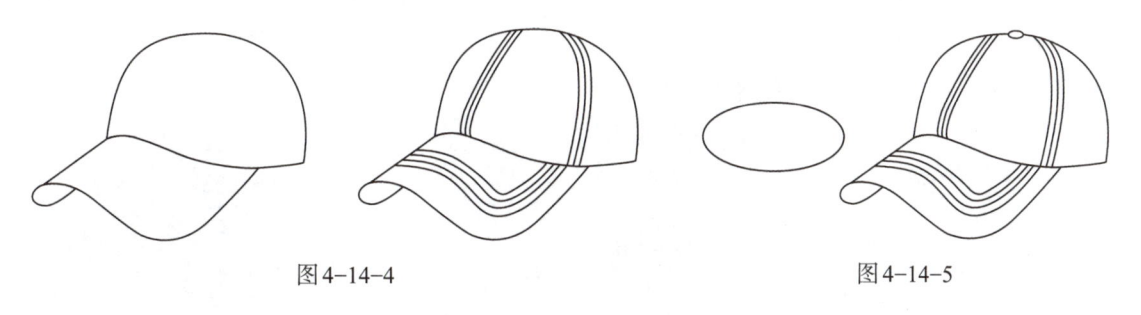

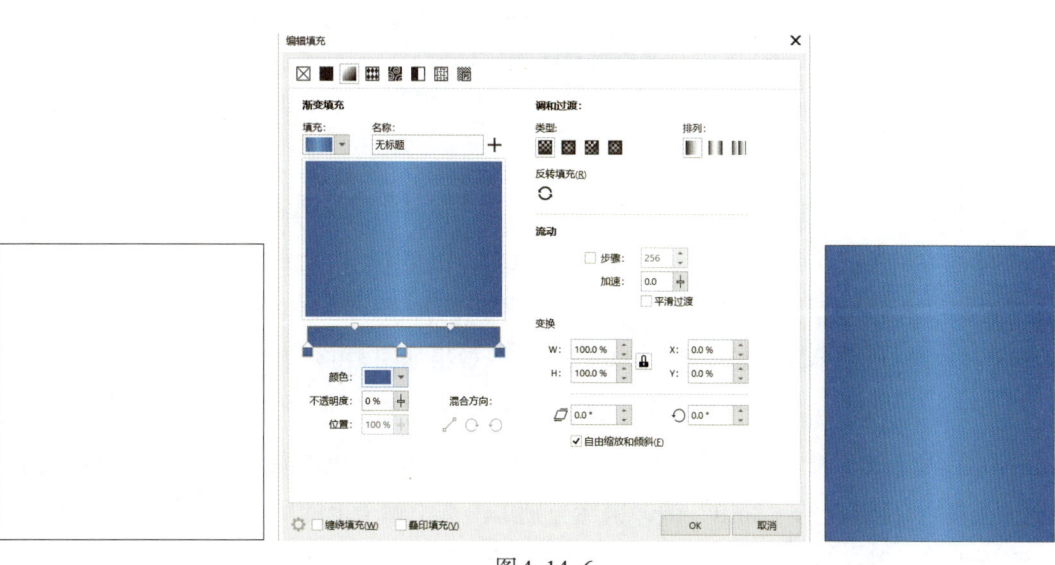

图4-14-6

（6）单击工具箱中的 【贝赛尔工具】，绘制一条曲线，选中曲线单击鼠标左键，向右拖到适合位置后，单击鼠标右键，在水平位置上复制一条斜线。单击工具箱中的 【交互式调和工具】，用鼠标左键选中第一条线拖到第二条线上，放开鼠标，将 50 步数根据实际需要调整，效果如图4-14-7所示。

（7）单击工具箱中的 【矩形工具】，在图4-14-7的曲线部分绘制一个长方形，再单击 【填充工具】选"渐变填充"，设置效果参数和渐变颜色，单击确定，隐藏轮廓线，效果如图4-14-8所示。

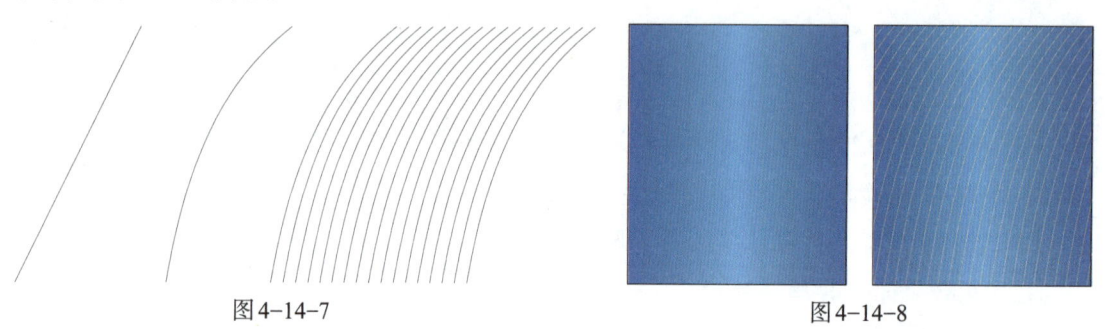

图4-14-7

图4-14-8

（8）分别选中帽身与帽檐，单击菜单栏【效果】→【图框精确剪裁】→【放置于容器中】，将上一步绘制好的效果分别放置于帽身与帽檐。注意，帽檐部分填充前，先将矩形效果图进行旋转，使装饰线与帽身部分装饰线形成立体的转角造型。效果如图4-14-9所示。

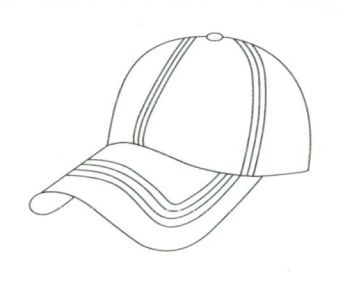

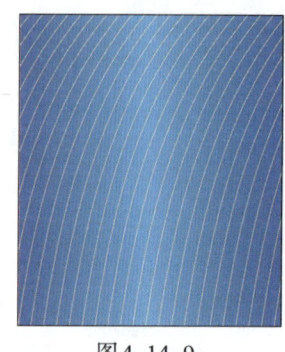

图4-14-9

（9）单击工具箱中 【挑选工具】，框选帽子内侧，再单击 【填充工具】选"渐变填充"，设置效果参数和渐变颜色，单击确定，效果如图4-14-10所示。

（10）单击工具箱中 【挑选工具】，框选帽顶的扣子，再单击 【填充工具】选"渐变填充"，设置效果参数和渐变颜色，单击确定，效果如图4-14-11所示。

（11）单击工具箱中的 【挑选工具】，框选帽子图形所有对象，按快捷键F12，打开"轮廓笔"对话框，设置所有对象的轮廓线宽度为0.75mm，单击确定，单击工具箱中的 【挑选工具】，按键盘的"Shift"键，鼠标分别单击选中帽子上的所有明线，按快捷键F12，打开轮廓笔对话框，将所有明线对象样式设置为虚线，效果如图4-14-12所示。

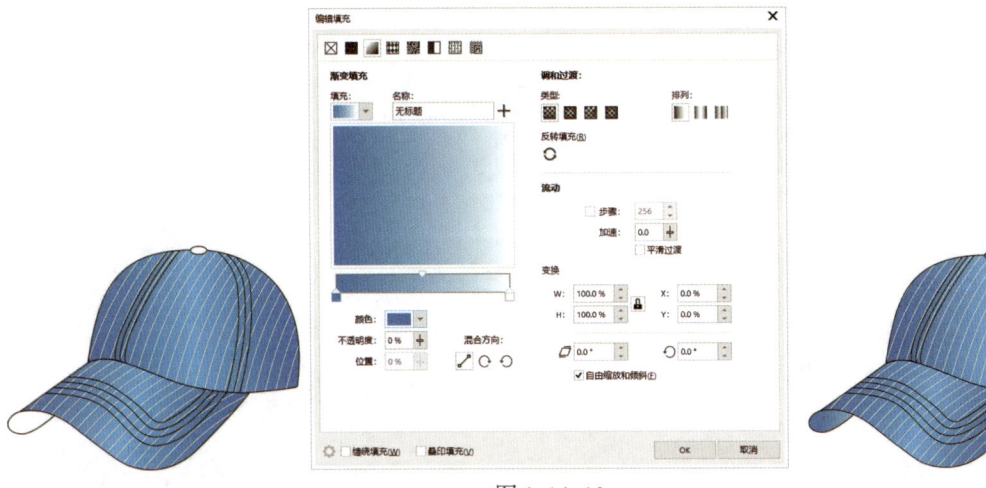

图 4-14-10

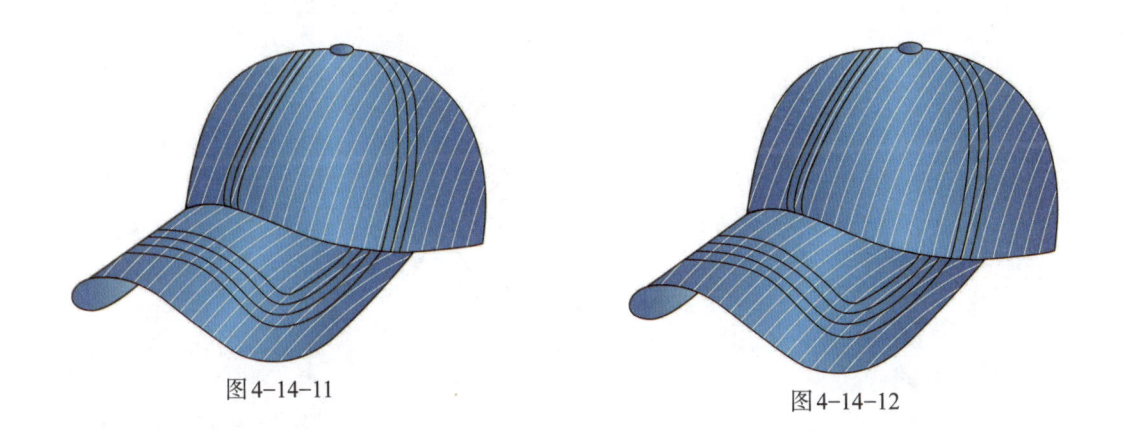

图 4-14-11

图 4-14-12

◎ 课后练习

根据图 4-13-12 绘制牛仔棒球帽,并根据自己的想象力与创作力,设计一款牛仔帽,命名后保存。

◎ 学习评价

牛仔棒球帽的绘制评价表

评分项目	评分要点	分值	自评	互评	师评	第三方评价	备注
牛仔布料	布料处理有质感,装饰线有立体感	30					
帽子结构	帽子结构合理,造型美观	30					
软件应用能力	图形与图像处理软件结合使用,绘图表现能力强	20					
整体效果	牛仔帽整体效果完整,立体感强	15					
完成时间	在规定的时间内完成	5					
合计		100					

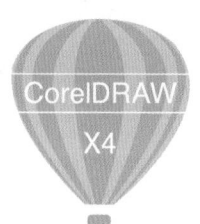

模块三

CorelDRAW X4
牛仔服装设计综合运用模块

项目五 牛仔服装款式图的表现技法

◎ **项目概述**

牛仔服装因布面质地较厚,颜色较深,耐磨耐穿,是从事体力劳动较适宜的一种工装。发展到现在,通过水洗工艺处理,形成手感柔软、色泽特别,风格粗犷潇洒的休闲牛仔服装。牛仔服装的款式多变,有合体式,又有宽松式,与其他服装配套穿着极为美观舒适,是国际市场上流行的一种服装。牛仔服装有男女式牛仔裤、牛仔上装、牛仔背心、牛仔裙等。

本项目根据任务要求,运用CorelDRAW X4软件进行牛仔服装款式图绘制,并进行牛仔服装的系列拓展设计,主要培养学习者能够运用计算机辅助设计软件绘制牛仔服装款式图的能力。

◎ **思维导图**

- 任务一:设计制单的绘制
- 任务二:牛仔鱼尾裙的绘制
- 牛仔服装款式图的表现技法
- 任务三:牛仔连衣裙的绘制
- 任务四:牛仔衬衫的绘制
- 任务五:牛仔直筒裤的绘制

◎ **学习目标**

学习目标	知识目标	1.了解牛仔服装款式图的款式特点 2.了解CorelDRAW X4软件绘制牛仔服装款式时相关工具的使用方法 3.了解CorelDRAW X4软件绘制牛仔服装面料的技巧
	能力目标	1.学会使用CorelDRAW X4软件进行各种牛仔服装款式图的绘制 2.学会牛仔服装款式图中的零部件绘制方法 3.能够熟练运用不同绘图工具及表现技法进行各种牛仔服装款式设计 4.能够熟悉掌握牛仔面料的绘制 5.学会运用CorelDRAW X4计算机辅助设计软件进行牛仔服装款式的系列拓展设计
	情感目标	1.通过款式图的绘制,培养学生对专业的热爱,拓展思维,培养学生举一反三的能力 2.通过软件学习款式比例和色彩搭配,培养学生精益求精的工匠精神、造型能力、审美能力和创造性思维的能力 3.培养学生对软件的学习兴趣,让学生爱学习、爱专业、爱生活

任务一　设计制单的绘制

一、任务导入

完成设计制单绘制，完成最终效果图，如图5-1-1所示。

图5-1-1　设计制单效果图

二、任务要求

会用CorelDRAW X4软件绘制设计制单。

三、任务实施

设计制单绘制步骤

1. 绘制制单框架

（1）打开CorelDRAW X4软件，执行菜单栏中的【文件】→【新建】命令，或者使用【Ctrl】+【N】组合快捷键，新建一个空白页，设定纸张"A4"大小。单击任务栏中的【横向】设置横向纸张，如图5-1-2所示。

（2）单击工具箱中的【矩形工具】，绘制一个"A4"大小的矩形，单击鼠标右键，在弹出的任务栏中选中"锁定对象"。单击工具箱中的【矩形工具】，依次绘制"名称""基础信息""款式信息""面料说明""经手人员""正背面效果图"方框，如图5-1-3所示。

（3）按步骤2的方法绘制细分信息内容的方框，如图5-1-4所示。

（4）单击工具箱中的 字【文本工具】，在"名称"一栏输入信息，单击工具箱中的【挑选工具】，选中文字执行属性栏中的 华文新魏 【字体列表】，调整为"华文新魏"，执行属性栏中的 24pt 【字体大小】，调整为"24pt"。其他信息按以上步骤输入相应的内容，调整为合适大小放置在相应的位置，如图5-1-5所示。

（5）打开已经绘制完成的"牛仔外套"，单击工具箱中的【挑选工具】，框选已经绘制完成的"正背面效果图"，执行"复制粘贴"移动至设计制单中，调整大小后放置于"效果图"一栏。按步骤（4）在相应的方框中填写"效果图"的相应信息，如图5-1-6所示。

图5-1-2

图5-1-3

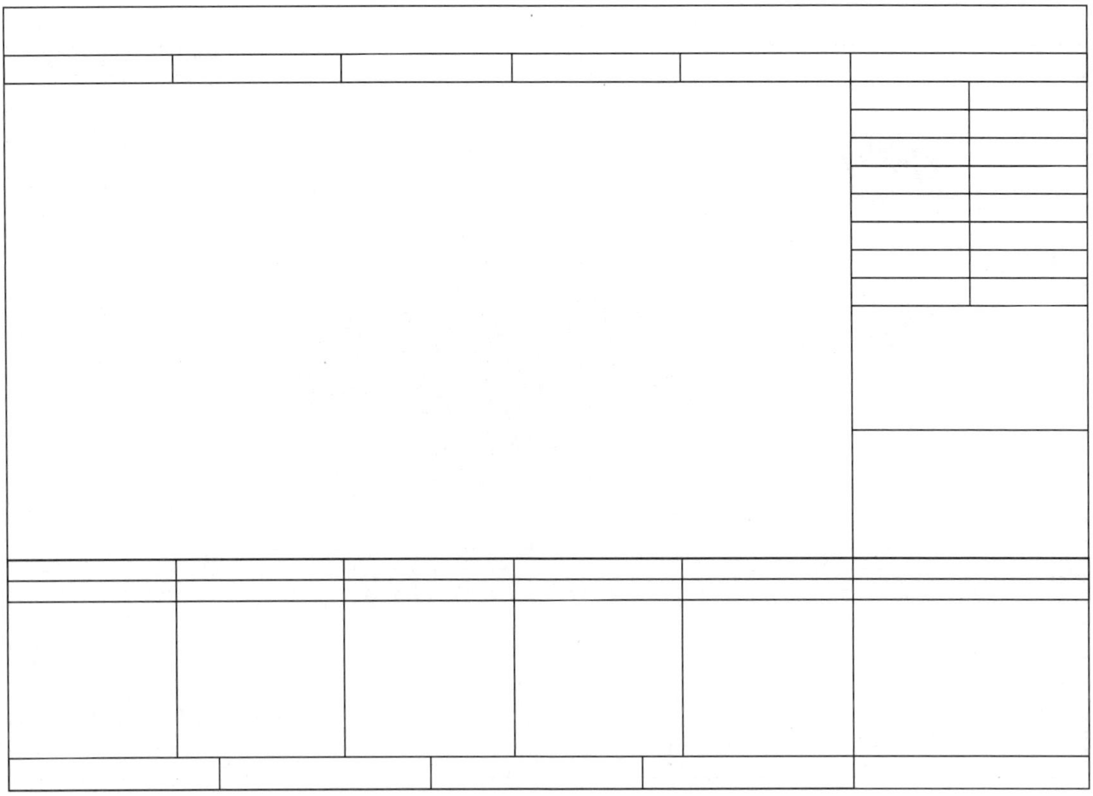

图 5-1-4

某服装设计有限公司设计制单

季节：	款号：	品别：	系列：	版型：	发单日期：xxxx年xx月xx日	
					男□　　　女□	
					紧身□ 合身□ 宽松□	
					无弹□ 微弹□ 高弹□	
					备注：	
A料（主料）	B料（辅料）	C料（辅料）	D料（辅料）	E料（辅料）	设计细节	工艺细节
供应商货号：	供应商货号：	供应商货号：	供应商货号：	供应商货号：		
面料小样：	面料小样：	小样：	小样：	小样：		
设计师：	制版师：	车版师：	审批：	跟单：		

图 5-1-5

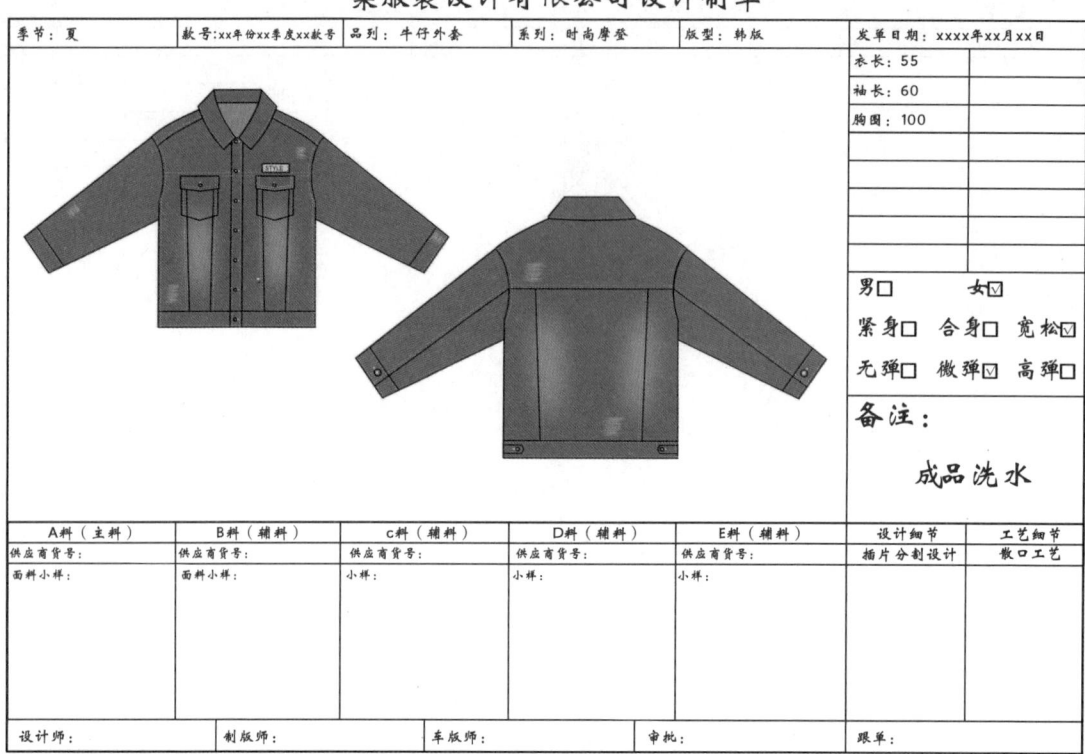

图 5-1-6

2.绘制面料小样

（1）单击工具箱中的 ▭【矩形工具】，绘制一个正方形，执行"复制粘贴"，将复制后的正方形缩小，执行属性栏中的 ⌀45.0【旋转角度】旋转45°，放置于大正方形的底部，进行左边的排列，单击工具箱中的 ▭【矩形工具】，框选排列完成的小正方形，单击鼠标右键，在弹出的任务栏中选中"群组"，执行"复制粘贴"，移动至大正方形右边，再次执行"复制粘贴"，执行属性栏中的 ⌀90.0【旋转角度】旋转90°，放置于上下两边。最后框选全部图形后执行任务栏中的 ⬚【焊接】，完成面料小样形状，如图5-1-7所示。

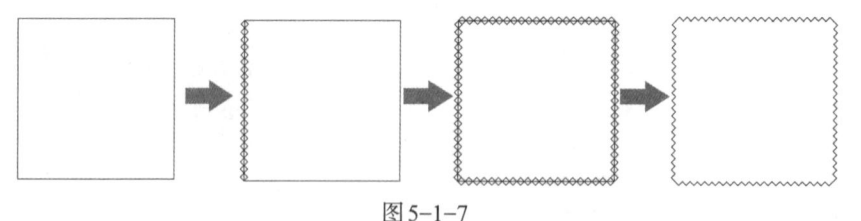

图 5-1-7

面料小样的绘制

（2）单击工具箱中的 ▸【挑选工具】，选中面料小样的形状，执行属性栏中的 ⌀45.0【旋转角度】旋转45°；单击工具箱中的 ⌧【智能填充工具】，执行属性栏中的 ▬【填充色】→【更多】选择颜色（C:0 M:0 Y:0 K:40）填充"灰色"，鼠标右键单击调色板的 ⊠【删除】轮廓线颜色，完成面料B。单击工具箱中的 ▸【挑选工具】选中面料小样的形状，执行"复制粘贴"将已经绘制完成的"牛仔面料"执行菜单栏的【对象】→【图框精准裁剪】→

【置于图文框内部】，放置于面料小样形状内，完成面料A，如图5-1-8所示。

（3）单击工具箱中的 【挑选工具】，选中面料A、B，调整大小，放置于面料小样的信息栏中。选中纽扣，铆钉执行"复制粘贴"移动至C料信息栏，选中皮牌执行"复制粘贴"移动至D料信息栏，如图5-1-9所示。

图 5-1-8

图 5-1-9

（4）单击工具箱中的 【椭圆形工具】，同时使用【Ctrl】键绘制一个正圆形，单击工具箱中的 【挑选工具】，框选"牛仔外套前片"，"复制粘贴"，执行菜单栏的【对象】→【图框精准裁剪】→【置于图文框内部】放置于圆形内，选中圆形，执行【对象】→【图框精准裁剪】→【编辑内容】，移动前片细节置于圆形内的位置，执行菜单栏的【对象】→【图框精准裁剪】→【结束编辑】完成设计细节，如图5-1-10所示。

（5）按步骤（4）绘制完成工艺细节，如图5-1-10所示。

（6）单击工具箱中的 【挑选工具】，选中设计细节与工艺细节，调整大小，分别移至信息栏。单击菜单栏中 【保存】，将绘制好的设计制单命名后保存，如图5-1-11所示。

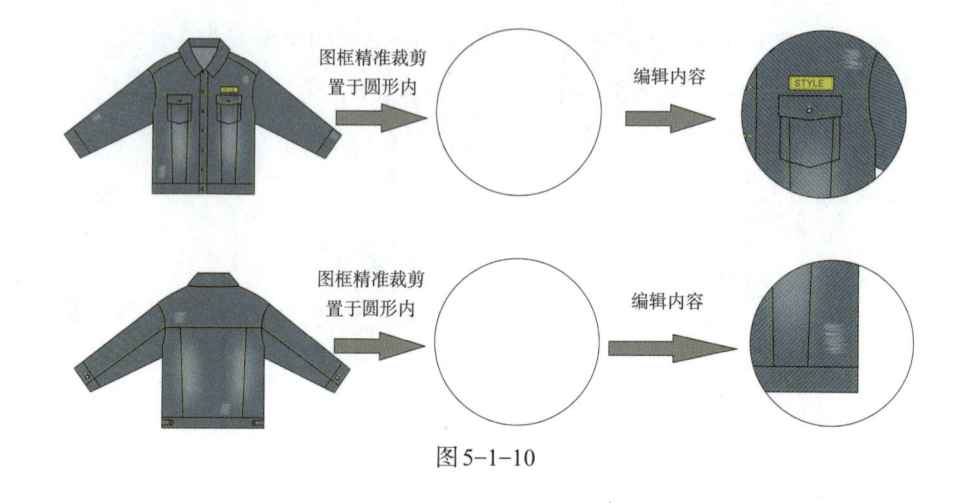

图 5-1-10

图 5-1-11

◎ 巩固训练

图 5-1-11 是设计师用 CorelDRAW X4 软件设计表现的牛仔外套正背面效果图及设计版单，根据本任务所学的技能，请用 CorelDRAW X4 软件绘制设计制单。

要求：

（1）制单版面设计合理，信息全面，文字与图片相得益彰；

（2）面料小样设计美观；

（3）细节图片清晰，布局合理；

绘制完成后,分别存储".EPS"和".JPG"两种格式的文件。

◎ 学习评价

设计制单绘制的评价表

评分项目	评分要点	分值	自评	互评	师评	第三方评价	备注
线稿绘制	绘制方法、线型设置	30					
款式比例	比例美观协调,符合形式美法则	30					
配件绘制	面料小样的绘制效果	5					
整体效果	结构准确、效果完整	30					
软件应用能力	图形与图像处理软件结合使用,绘图表现能力强	5					
合计		100					

任务二　牛仔鱼尾裙的绘制

一、任务导入

完成牛仔鱼尾裙绘制,完成最终效果图,如图5-2-1所示。

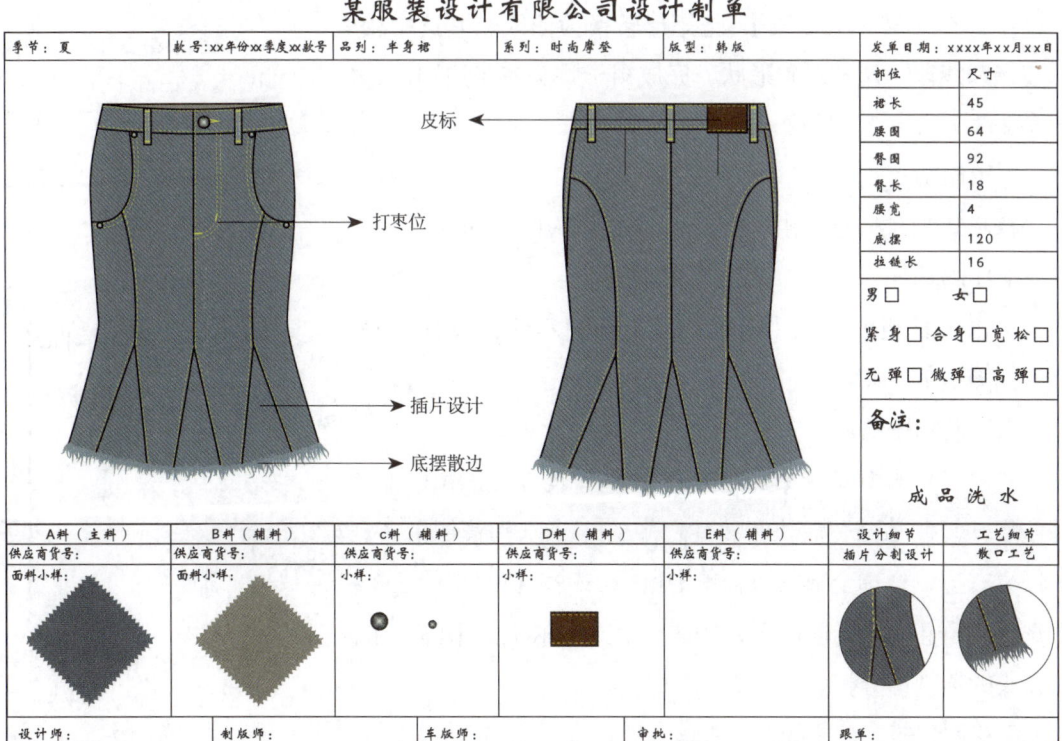

图5-2-1　牛仔鱼尾裙设计版单效果图

二、任务要求

（1）熟练使用CorelDRAW X4软件绘制牛仔鱼尾裙。

（2）熟练使用CorelDRAW X4软件表现出牛仔面料肌理，并绘制纽扣及皮牌等。

（3）熟练使用CorelDRAW X4软件，以绘制好的牛仔鱼尾裙款式图为基础拓展设计两款牛仔半裙。

三、任务实施

牛仔鱼尾裙的绘制步骤

1.绘制辅助线

打开CorelDRAW X4软件，执行菜单中的【文件】→【新建】，或者使用【Ctrl】+【N】组合快捷键，新建一个空白页，设定纸张"A4"大小。将鼠标移动到标尺拉出横向辅助线和纵向辅助线（纵向辅助线是牛仔裙的中轴线，横向辅助线是腰节线），如图5-2-2所示。

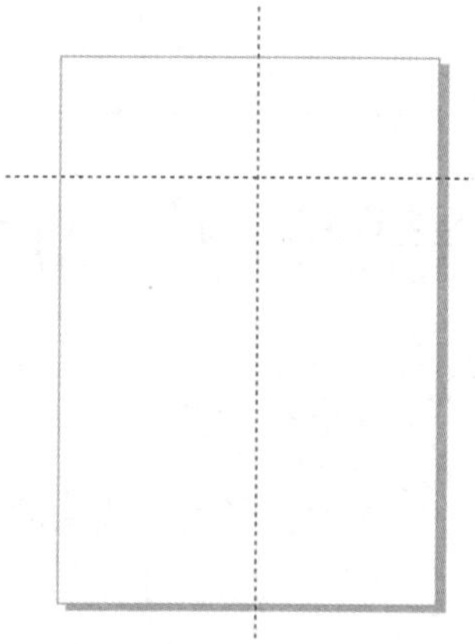

2.绘制腰头

单击工具箱中的【矩形工具】绘制一个矩形。单击工具箱中的【形状工具】，在矩形上单击鼠标右键，在弹出的任务栏中选【转化为曲线】，把矩形转换为曲线，并选中相应的节点和线段，调整对象形状，完成裙子腰头左半边图形，如图5-2-3所示。

图5-2-2

图5-2-3

3.绘制前片

按步骤2的方法绘制裙子前片，效果如图5-2-4所示。

4.绘制耳仔

单击工具箱中的【矩形工具】绘制耳仔，放置于腰头上，如图5-2-5所示。

5.绘制裙子前片

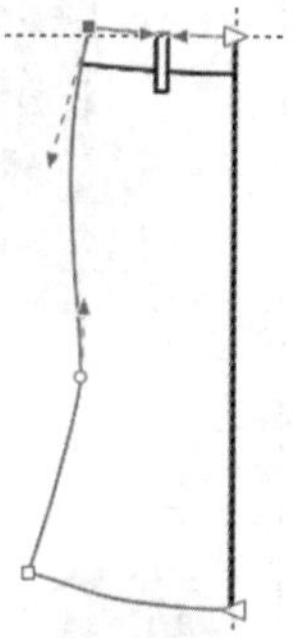

单击工具箱中的【挑选工具】，框选已完成的裙子前片，并使用"复制粘贴"后执行属性栏中的【水平镜像】，完成牛仔裙右边，框选全部图形，单击鼠标右键，在弹出的任务栏中选择"群组"，单击工具箱中的【贝塞尔工具】画出牛仔裙腰头的透视部分，如图5-2-6所示。

图5-2-4　　图5-2-5

6.绘制口袋、分割线及省位线

单击工具箱中的【挑选工具】，绘制牛仔裙的左边口袋，并使用"复制粘贴"后执

行属性栏中的 【水平镜像】，完成牛仔裙右边的口袋，如图5-2-7所示，单击工具箱的 【贝塞尔工具】绘制牛仔裙分割线，再单击工具箱的 【形状工具】，在相应部位进行合理调整，最后选择 【贝塞尔工具】绘制省位，如图5-2-8所示。

图5-2-6　　　　　　图5-2-7　　　　　　图5-2-8

7. 绘制打枣

单击工具栏中的 【贝塞尔工具】，执行属性栏中的 【轮廓宽度】加粗线条，单击工具栏的 【变形工具】，执行属性栏中的 【拉链变形】纵向拉伸，在属性栏中调整变形工具的数值 ，数值可自由调整，如图5-2-9所示。

8. 绘制车缝线

单击工具箱中的 【挑选工具】选择分割线，使用"复制粘贴"鼠标拖动偏移，执行属性栏中的 【线条样式】，设置成虚线，执行属性栏中的 【轮廓宽度】，设置线条比轮廓线细，完成车缝线，如图5-2-10所示。

9. 绘制门襟

单击工具箱中的 【贝塞尔工具】，绘制门襟位置的明线，之前绘制好的打枣工艺放置于门襟与耳仔，如图5-2-10所示。

10. 绘制扣眼、纽扣、铆钉

单击工具箱中的 【椭圆形工具】，配合使用【Ctrl】键，绘制圆形，使用"复制粘贴"拖动置于腰头，单击鼠标右键，在弹出的任务栏中选择 【转化为曲线】，把圆形转换为曲线，并选中相应的节点和线段，调整对象形状完成扣眼；选中圆形再次使用"复制粘贴"，拖动置于腰头，完成纽扣；选中圆形调小，放至口袋连接处，完成铆钉，单击完成的铆钉，多次使用"复制粘

绘制打枣和纽扣

图5-2-9

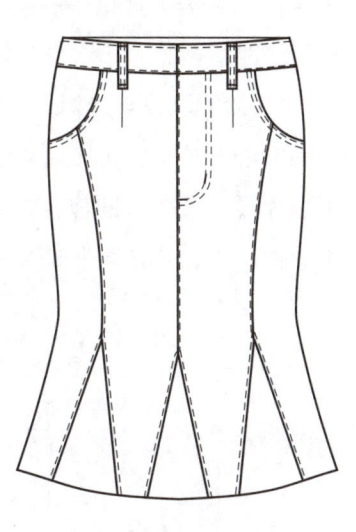

图5-2-10

贴",放置于口袋其余连接处,如图5-2-11所示。

11. 绘制裙子后片

单击工具箱中的 【挑选工具】框选前片,使用"复制粘贴",移动放置于右边空白处,调整绘制后片,单击工具箱中的 【挑选工具】,选中后片不需要的分割线,单击鼠标右键,在弹出的任务栏中选择"删除选项"。单击工具箱中的 【挑选工具】选中后中线,单击工具箱中的 【形状工具】,单击线段的顶端节点,拖动至腰节处,腰头无分割,如图5-2-12所示。

图 5-2-11

图 5-2-12

12. 绘制裙子后片分割线、省位线

单击工具箱中的 【贝塞尔工具】画出后片的分割线,单击工具箱中的 【形状工具】调整分割线,按步骤8的方法绘制后片车缝线。单击工具箱中的 【贝塞尔工具】画出省位,单击工具箱中的 【挑选工具】框选后片左边的分割线,使用"复制粘贴"后,执行属性栏中的 【水平镜像】,水平移动至右边完成,如图5-2-13所示。

13. 绘制耳仔与皮标

单击工具箱中的 【挑选工具】框选前片已绘制好的耳仔,使用"复制粘贴"移动至后片腰头处相应的位置。单击工具箱中的 【矩形工具】,在后片右边腰头处绘制一个矩形做皮牌;单击工具箱中的 【贝塞尔工具】绘制腰头与皮牌的车缝线,如图5-2-14所示。

图 5-2-13

图 5-2-14

14. 绘制牛仔面料

（1）单击工具箱中的 □【矩形工具】，配合使用【Ctrl】键，绘制一个正方形，单击工具箱中的【智能填充工具】，执行属性栏的【填充色】→【更多】，选择颜色（C:40　M:20　Y:0　K:40）蓝色，如图 5-2-15 所示。

绘制牛仔面料

图 5-2-15

（2）单击工具箱中的【贝塞尔工具】，在空白处绘制一条直线，执行属性栏中的【旋转角度】旋转 45°，使用"复制粘贴"移动，如图 5-2-16 所示。单击工具箱中的【挑选工具】框选斜线，使用快捷键【F12】弹出"轮廓笔"对话框，执行【颜色】选择颜色（C:32　M:16　Y:0　K:51），如图 5-2-17 所示。

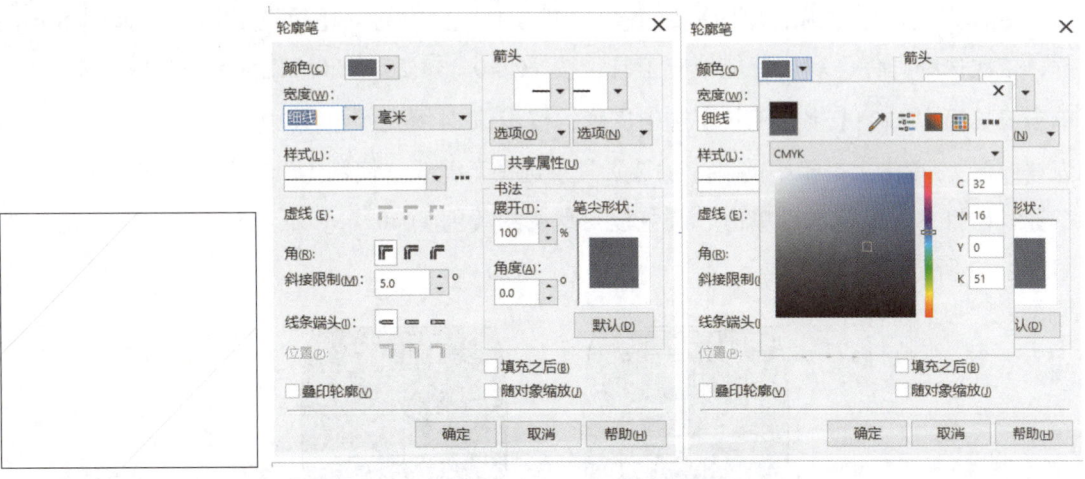

图 5-2-16　　　　　　　　　　图 5-2-17

（3）单击工具箱中的【交互式调和工具】单击斜线，拖动至另一斜线位置进行调和，执行属性栏中的【调和对象】更改步长间距（数据自行调节），单击工具箱中的【挑选工具】框选全部图形，单击鼠标右键，在弹出的任务栏中选择"群组"，如图 5-2-18 所示。

（4）单击工具箱中的□【矩形工具】，配合使用【Ctrl】键，绘制一个正方形。

（5）单击工具箱中的 【挑选工具】，选中图5-2-17，执行菜单栏的【效果】→【对象】→【图框精准裁剪】→【置于图文框内部】放置于正方形中，执行菜单栏的【效果】→【对象】→【图框精准裁剪】→【编辑内容】，移动图案至矩形内的位置，执行菜单栏的【效果】→【对象】→【图框精准裁剪】→【结束编辑】，如图5-2-19所示。

（6）单击工具箱中的 【挑选工具】，选中图5-2-19放置于图5-2-15上面，框选全部图形，鼠标右击弹出任务栏，选择"群组"，执行菜单栏的【位图】→【转换为位图】，执行菜单栏中的【位图】→【杂点】→【添加杂点】，如图5-2-20所示。

图5-2-18　　　　　　　　图5-2-19　　　　　　　　图5-2-20

15.填充牛仔面料、皮标面料、车缝线和打枣颜色

（1）单击工具箱中的 【挑选工具】选中牛仔面料，使用"复制粘贴"按图框精准裁剪命令，完成牛仔裙前后片面料的填充，单击工具箱中的 【挑选工具】，配合【Shift】键，依次选择耳仔，利用智能填充工具，按（C:40　M:20　Y:0　K:40）的参数填充蓝色，单击工具箱中的 【挑选工具】选中皮牌，按步骤14填充颜色（C:0　M:20　Y:40　K:60）为"棕色"。单击工具箱中的 【挑选工具】选择车缝线，使用【Shift】键依次选择全部的车缝线与打枣，鼠标右键单击"调色板"默认的黄色（C:0　M:0　Y:100　K:0）填充，如图5-2-21所示。

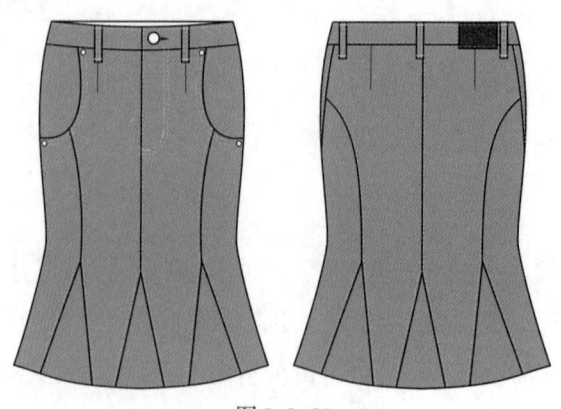

图5-2-21

（2）单击工具箱中的 【矩形工具】绘制长方形，鼠标单击"调色板"默认的深灰色（C:0 M:0 Y:100 K:40）填充，如图5-2-22所示。

图5-2-22

（3）单击工具箱中的 【挑选工具】选中图5-2-22放置于腰头，单击鼠标右键，在弹出的任务栏中选择【顺序】→【到图层后面】；单击工具箱中的 【挑选工具】选中纽扣，鼠标单击"调色板"填充"浅灰色"，单击工具栏中的 【交互式填充工具】执行属性栏 【渐变】的 【矩形渐变】填充；重复动作填充铆钉，如图5-2-23所示。

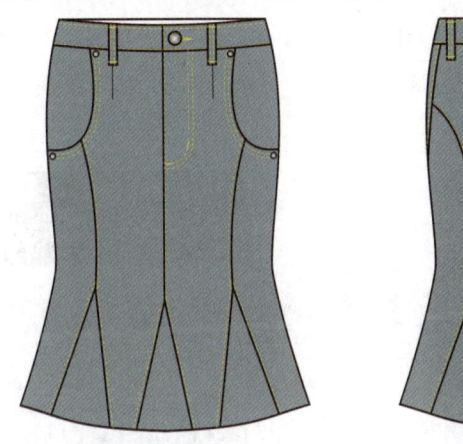

图5-2-23

16. 绘制猫须散边效果

单击工具箱中的 【艺术笔工具】，执行属性栏中的 【画笔预设】选择画笔， 【笔触宽度】调整数值，快捷键【F12】弹出对话框选择【艺术笔】，在弹出的"轮廓笔"对话框中执行【颜色】选择颜色（C:32 M:10 Y:0 K:21）填充"艺术笔"，在裙摆处随意画出猫须散边效果，如图5-2-24所示。

绘制猫须散边效果

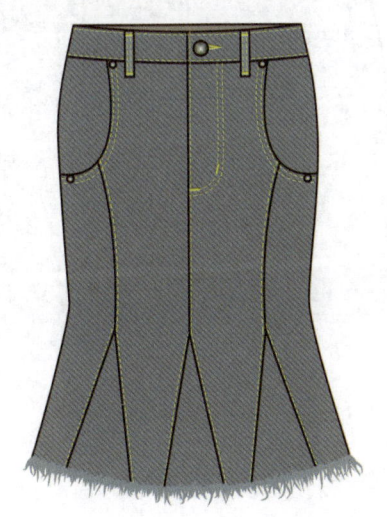

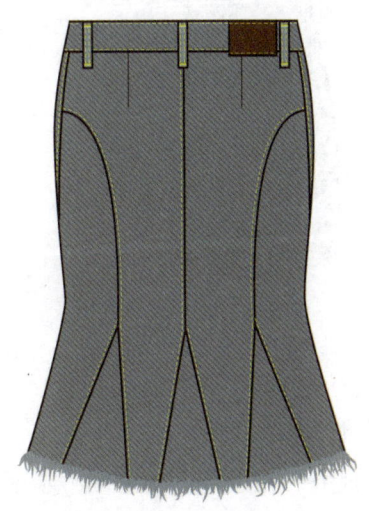

图5-2-24

17. 绘制洗水效果

（1）单击工具箱中的 ◯【椭圆形工具】，绘制椭圆形。鼠标单击"调色板"的"白色"填充，右击调色板的 ⊠【取消轮廓填充】，执行属性栏的【位图】→【转换为位图】，再次执行【位图】→【模糊】→【高斯式模糊】，半径数值可自由调整，完成洗水效果，如图5-2-25所示。

（2）单击工具箱中的 ▶【挑选工具】，选中已绘制好的洗水效果，使用"复制粘贴"至右边，完成前片洗水效果；选中前片洗水效果，使用"复制粘贴"放置于后片，调整大小。单击工具箱中的 ✎【贝塞尔工具】，沿着口袋明线绘制锯齿线段，鼠标右键单击"调色板"的"白色"填充轮廓线，执行菜单栏的【位图】→【转换为位图】，再次执行【位图】→【模糊】→【高斯式模糊】，半径数值可自由调整，完成洗骨效果，复制到右边口袋，门襟步骤同上，如图5-2-26所示

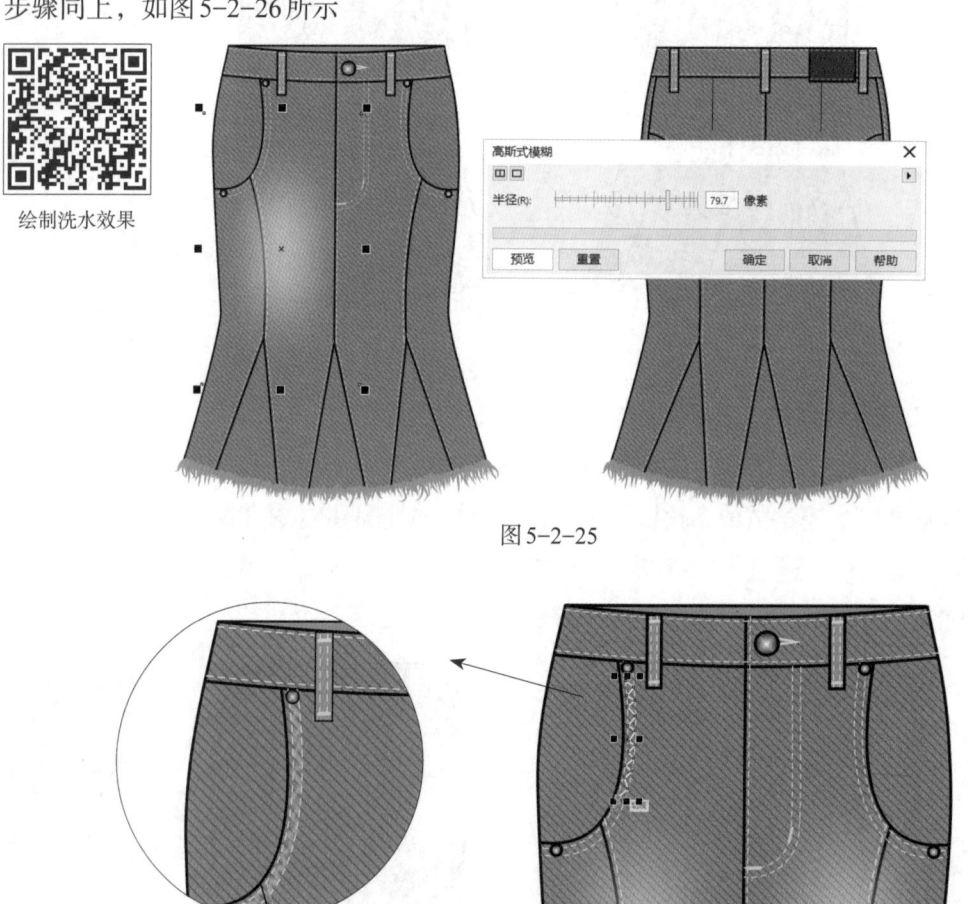

绘制洗水效果

图5-2-25

图5-2-26

18. 完成牛仔裙的绘制

按项目五任务一"设计单的绘制"步骤绘制牛仔鱼尾裙的设计版单。单击菜单栏中 🖫【保存】将绘制好的牛仔鱼尾裙设计版单命名后保存，如图5-2-27所示。

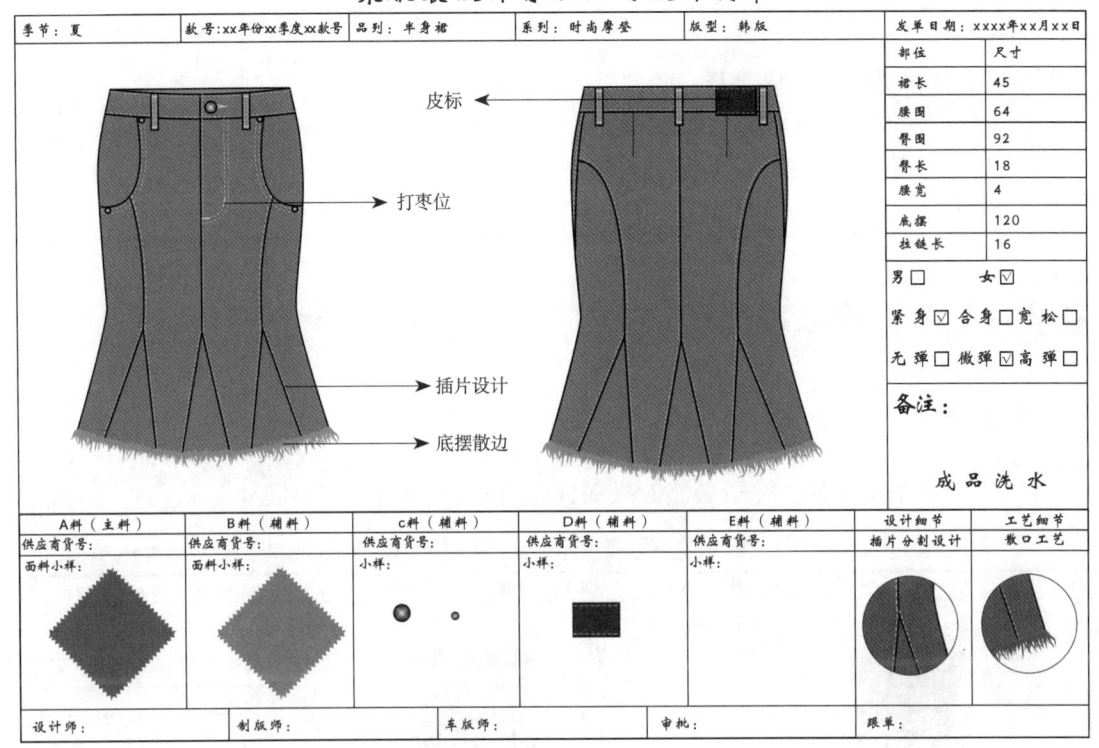

图 5-2-27

◎ **巩固训练**

图 5-2-27 是设计师用 CorelDRAW X4 软件设计表现的牛仔鱼尾裙正背面效果图及设计版单,根据本任务所学的技能,请用 CorelDRAW X4 软件设计并拓展出牛仔裙正背面款式图。

要求:

(1) 款式细节表达清楚、结构准确;

(2) 能清楚地表现金属配件的质感;

(3) 能熟练掌握线条粗细、类型和明线的绘制方法;

(4) 绘制完成后,分别存储".EPS"和".JPG"两种格式的文件。

◎ **学习评价**

牛仔鱼尾款式设计评价表

评分项目	评分要点	分值	自评	互评	师评	第三方评价	备注
线稿绘制	正背面款式图,线条清晰流畅,粗细恰当,层次清楚	30					
款式比例	比例美观协调,符合形式美法则	30					
配件绘制	金属绘制效果生动	5					

续表

评分项目	评分要点	分值	自评	互评	师评	第三方评价	备注
整体效果	结构准确、效果完整	30					
软件应用能力	图形与图像处理软件结合使用，绘图表现能力强	5					
	合计	100					

任务三　牛仔连衣裙的绘制

一、任务导入

完成牛仔连衣裙绘制，完成最终效果图，如图5-3-1所示。

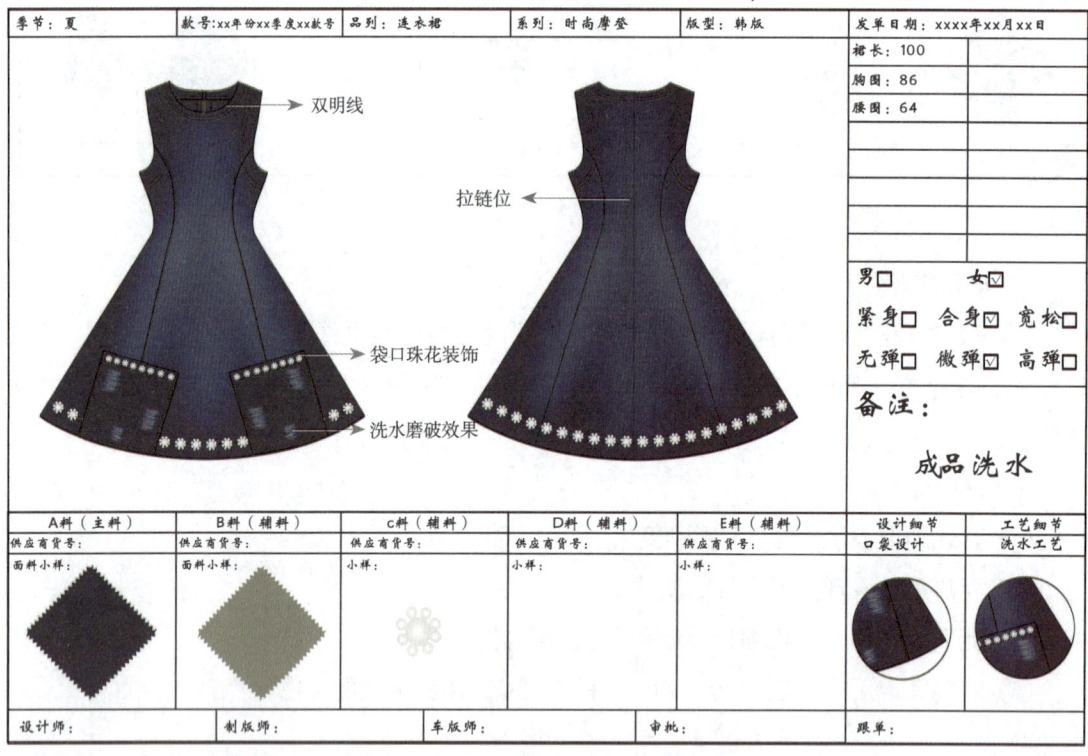

图5-3-1　牛仔连衣裙设计版单效果图

二、任务要求

（1）熟练使用CorelDRAW X4软件绘制牛仔连衣裙款式图。

（2）熟练使用CorelDRAW X4软件绘制牛仔连衣裙中的牛仔面料肌理，并绘制珠花及拉链等。

（3）熟练使用CorelDRAW X4软件，以绘制好的牛仔连衣裙款式图为基础拓展设计两款新的牛仔连衣裙。

三、任务实施

牛仔连衣裙的绘制步骤

1.绘制辅助线

打开CorelDRAW X4软件，执行菜单栏中的【文件】→【新建】命令，或者使用【Ctrl】+【N】组合快捷键，新建一个空白页，设定纸张"A4"大小。单击任务栏中的【横向】设置横向纸张。将鼠标移动到标尺，拉出横向辅助线和纵向辅助线（纵向辅助线是牛仔连衣裙的中轴线，横向辅助线是腰节线），如图5-3-2所示。

图 5-3-2

2.绘制裙身

单击工具箱中的【矩形工具】，绘制一个矩形。单击工具箱中的【形状工具】，在矩形上单击鼠标右键，在弹出的任务栏中选"转化为曲线"，把矩形转换为曲线，并选中相应的节点和线段，调整对象形状完成裙子前面左半边图形，单击工具箱中的【挑选工具】框选左半边图形，执行属性栏中【水平镜像】平行移动完成右半边，框选全部图形，执行属性栏中的【焊接】完成裙子前片，如图5-3-3所示。

3.绘制分割线

单击工具箱的【贝塞尔工具】绘制牛仔裙左边分割线，再单击工具箱的【形状工具】在相应部位进行调整，使用"复制粘贴"，执行属性栏中的【水平镜像】，完成牛仔裙右边分割线，如图5-3-4所示。

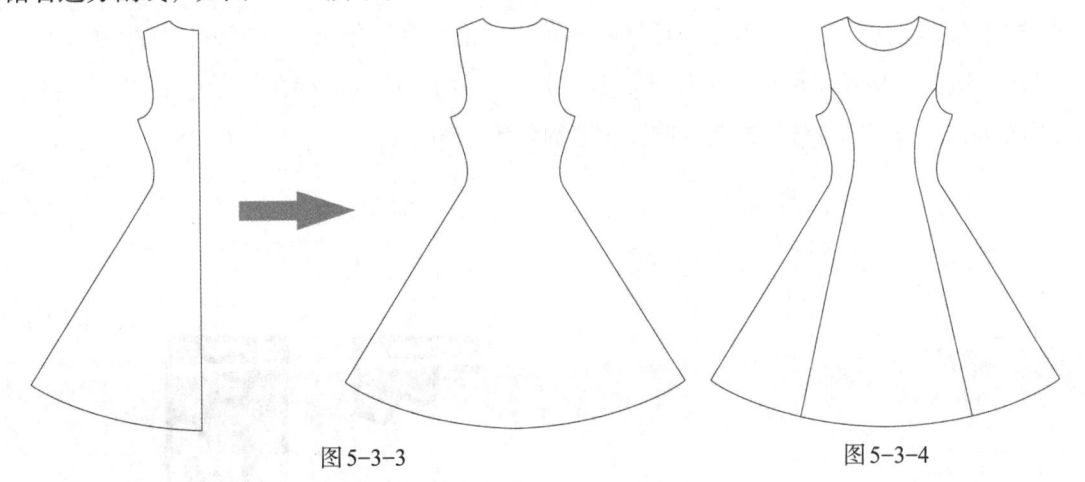

图5-3-3

图5-3-4

4.绘制口袋

按步骤2绘制裙子口袋，框选全部图形，单击鼠标右键，在弹出的任务栏中选择"群组"，如图5-3-5所示。

5. 绘制车缝线

单击工具箱的 【贝塞尔工具】绘制袖笼、领子、底摆的车缝线，单击工具箱中的 【挑选工具】，选择分割线使用"复制粘贴"，鼠标拖动偏移，执行属性栏中的 【线条样式】设置成虚线，执行属性栏中的 【轮廓宽度】，设置线条比轮廓线细，完成车缝线；单击工具箱中的 【挑选工具】选择车缝线，使用【Shift】键依次选择全部的车缝线，鼠标右键单击"调色板"的"棕色"填充，如图5-3-6所示。

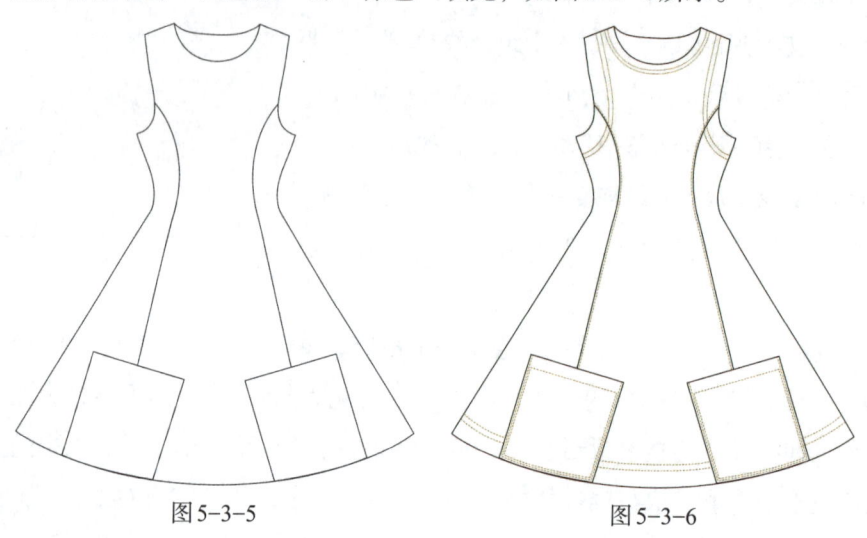

图5-3-5

图5-3-6

6. 绘制裙子透视

单击工具栏中的 【贝塞尔工具】，绘制裙子领子部分的透视，按步骤5绘制车缝线，如图5-3-7所示。

7. 绘制拉链

按步骤2绘制拉链齿，单击工具箱中的 【挑选工具】绘制一个矩形，选中已经绘制完成的拉链齿，使用"粘贴复制"后，执行属性栏中的 【水平镜像】组成一组拉链齿，使用同样的方法完成拉链的绘制，放置拉链的位置，如图5-3-8所示。

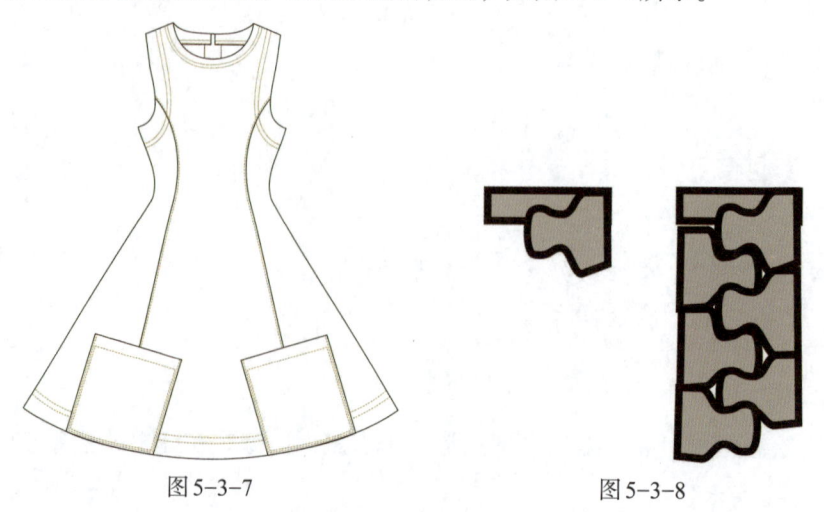

图5-3-7

图5-3-8

8. 绘制裙子后片

单击工具箱中的 【挑选工具】框选已完成的前片，使用"复制粘贴"，放置于右边空白处，调整绘制后片，单击工具箱中的 【挑选工具】框选底摆车缝线、口袋和前片领子，单击鼠标右键，在弹出的任务栏中选择"删除"，如图5-3-9所示。

图5-3-9

9. 绘制裙子后片车缝线

单击工具箱中的 【挑选工具】选中后片分割线，单击工具箱中的 【贝塞尔工具】画出后中线，按步骤5的方法绘制领子拉链位和底摆的车缝线，如图5-3-10所示。

图5-3-10

10. 绘制牛仔面料

（1）单击工具箱中的 【矩形工具】，配合使用【ctrl】键，绘制一个正方形，单击工具箱中的 【智能填充工具】，执行属性栏中的 【填充色】→【更多】，选择颜色为蓝色（C:49 M:25 Y:0 K:54），如图5-3-11所示。

（2）单击工具箱中的 【贝塞尔工具】再空白处绘制一条直线，执行属性栏的 【旋转角度】旋转45°，使用"复制粘贴"移动，单击工具箱中的 【挑选工具】框选斜线，使用快捷键【F12】弹出"轮廓笔"对话框,执行【颜色】,选择颜色(C:40 M:40 Y:0 K:60)填充深蓝色,如图5-3-12所示。

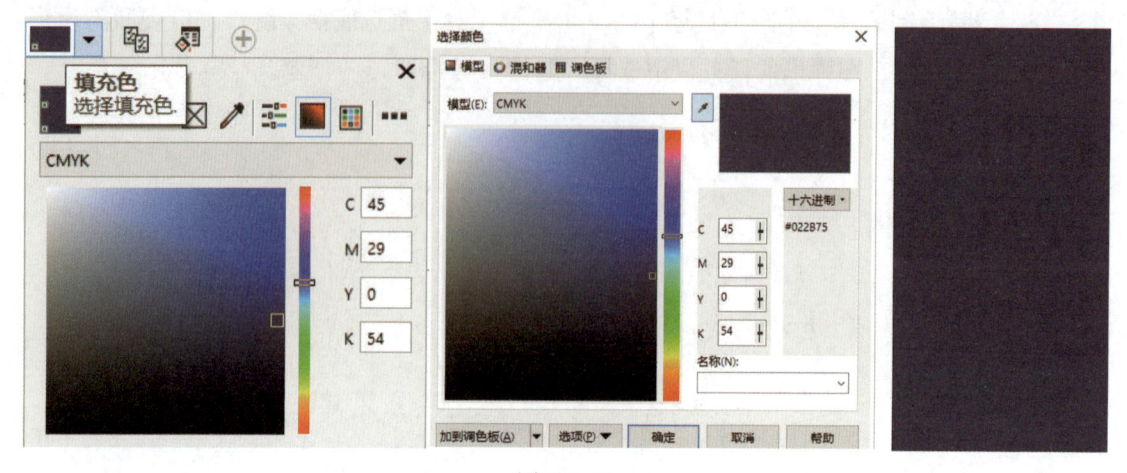

图5-3-11

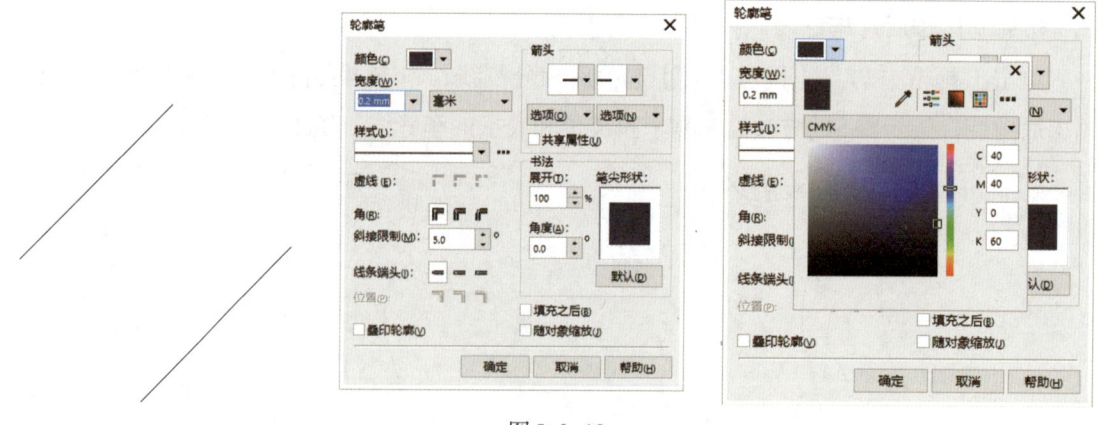

图5-3-12

(3) 单击工具箱中的【交互式调和工具】单击斜线,拖动至另一斜线位置进行调和,执行属性栏中的【调和对象】,更改步长间距(数据自行调节),单击工具箱中的【挑选工具】框选全部图形,单击鼠标右键,在弹出的任务栏中选择"群组",如图5-3-13所示。

(4) 单击工具箱中的【矩形工具】绘制一个矩形。单击工具箱中的【挑选工具】选中图5-3-13所示,执行菜单栏中的【效果】→【对象】→【图框精准裁剪】→【置于图文框内部】放置于正方形中,执行菜单栏中的【效果】→【对象】→【图框精准裁剪】→【编辑内容】,移动图案至矩形内的位置,执行菜单栏中的【效果】→【对象】→【图框精准裁剪】→【结束编辑】,如图5-3-14所示。

(5) 单击工具箱中的【挑选工具】选中图5-3-14,放置于图5-3-11上面,框选全部图形，鼠标右击，在弹出的任务栏中选择"群组"，执行属性栏中的【位图】→【转换为位图】，执行菜单栏中的【位图】→【杂点】→【添加杂点】，如图5-3-15所示。

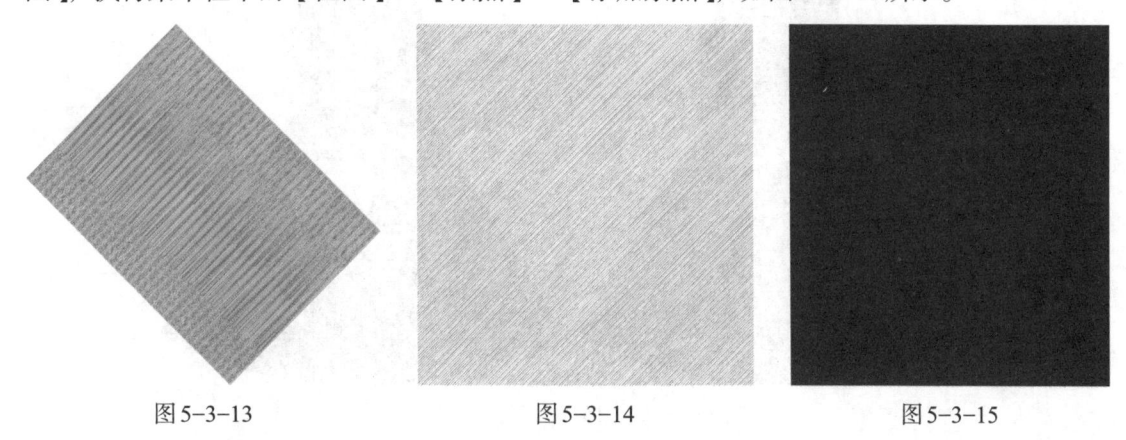

图 5-3-13　　　　　　图 5-3-14　　　　　　图 5-3-15

11.填充牛仔面料

单击工具箱中的【挑选工具】选中牛仔面料，使用"复制粘贴"，按步骤10（5）的方法填充牛仔裙前后片面料，如图5-3-16所示。

图 5-3-16

12.绘制洗水效果

单击工具箱中的【椭圆形工具】，绘制椭圆形，鼠标单击"调色板"的"白色"填充，右击调色板的【取消轮廓填充】，执行属性栏的【位图】→【转换为位图】，再次执行【位图】→【模糊】→【高斯式模糊】，半径数值可自由调整，完成洗水效果，使用同样的方法完成前后片洗水效果，如图5-3-17所示。

13.绘制珠花

（1）单击工具箱中的【椭圆形工具】，配合【ctrl】键绘制圆形，单击工具箱中的【挑选工具】选中圆形鼠标，单击"调色板"填充"浅灰色"，单击工具栏中的【交互式填充工具】，执行属性栏中【渐变】的【矩形渐变】填充；选中圆形，使用"复制粘贴"缩小，重复动作排列一圈，如图5-3-18所示。

绘制珠花

图 5-3-17

图 5-3-18

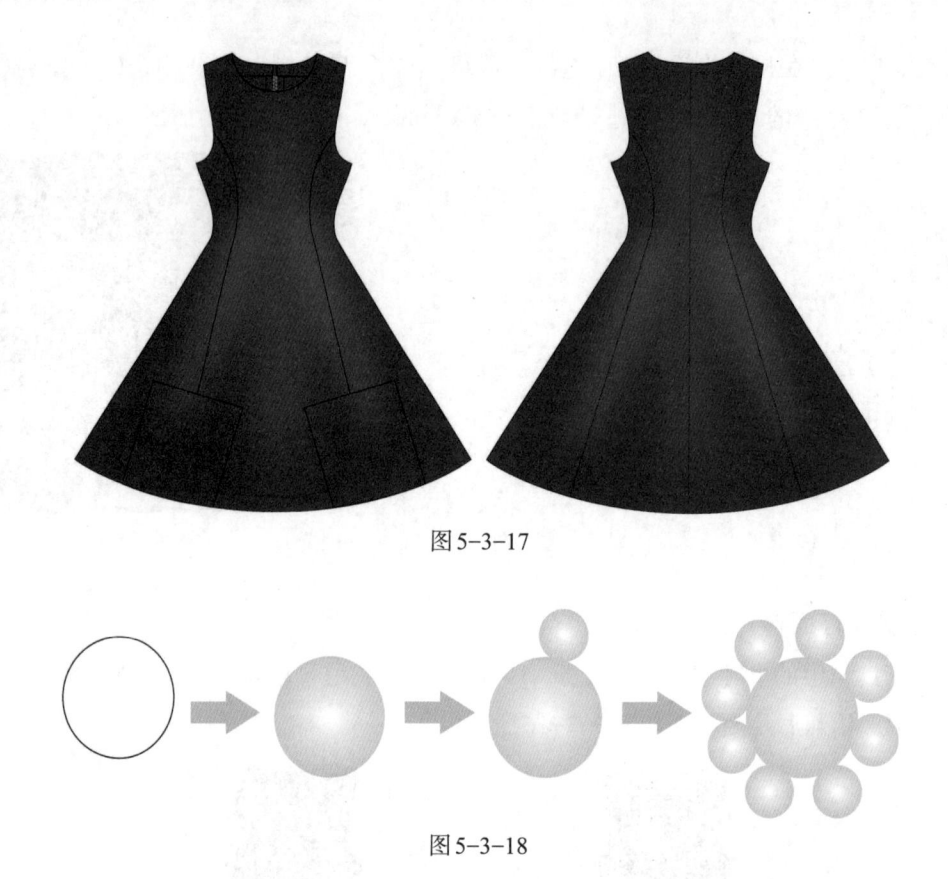

（2）单击工具箱中的 【挑选工具】框选已绘制完成的珠花，调整大小放置于袋口，使用"复制粘贴"排列完成左边袋口；框选排列好的珠花，执行属性栏中的 【水平镜像】完成右边袋口。单击工具箱中的 【贝塞尔工具】绘制底摆弧线，选择珠花，放置于底摆，按步骤10（3）的方法进行"调和"后，执行属性栏的 【路径属性】工具，执行新路径"底摆弧线"，完成底摆珠花排列，如图5-3-19所示。

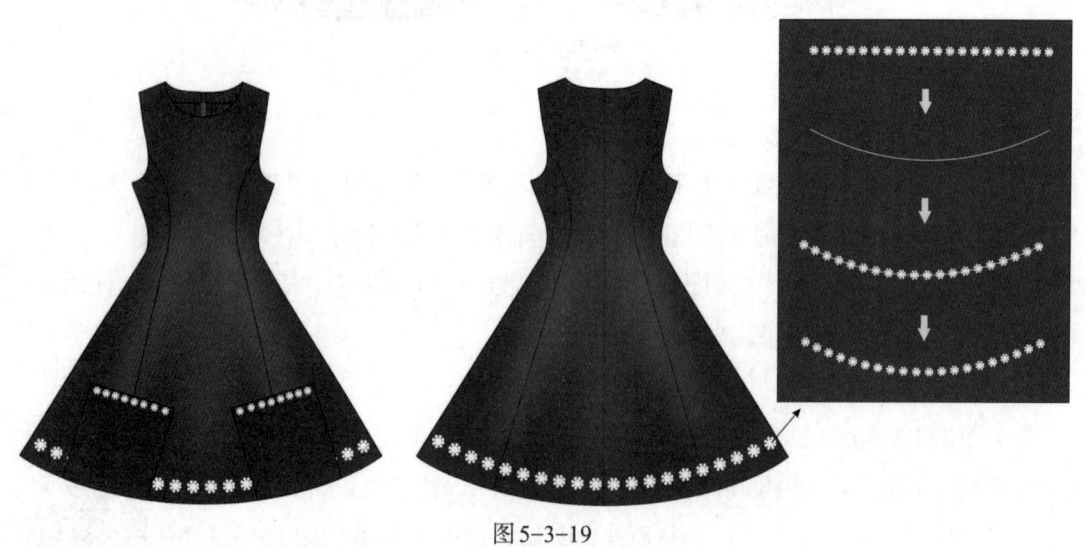

图 5-3-19

14. 绘制磨破效果

(1) 单击工具箱中的 【艺术笔】工具，执行属性栏中的 【画笔预设】选择画笔，执行属性栏中的 【笔触宽度】调整数值，绘制线段，鼠标单击"调色板"中的"白色"填充；执行属性栏的【位图】→【转换为位图】，再次执行【位图】→【模糊】→【高斯式模糊】，半径数值可自由调整，单击工具箱中的 【透明度】工具，执行属性栏中的 【均匀透明度】，调整数值后，使用"复制粘贴"拖动旋转，重复动作完成一组洗水磨破效果，如图5-3-20所示。

(2) 单击工具箱中的 【挑选工具】框选洗水效果，使用"复制粘贴"进行组合，在左边口袋进行缩小旋转排列，完成左边口袋的磨破洗水效果，单击工具箱中的 【挑选工具】，框选左边口袋的洗水效果，执行属性栏中的 【水平镜像】，完成右边口袋，如图5-3-21所示。

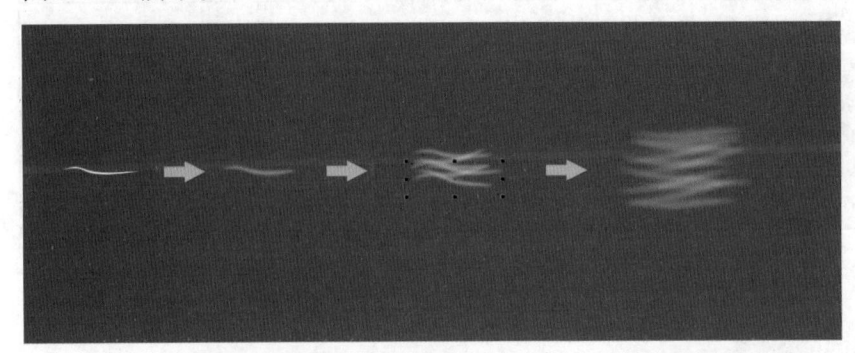

绘制磨破效果

图 5-3-20

图 5-3-21

15. 完成牛仔裙的绘制

按项目五任务一"设计单的绘制"步骤绘制牛仔连衣裙的设计版单。单击菜单栏中 【保存】将绘制好的牛仔连衣裙设计版单命名后保存，如图5-3-22所示。

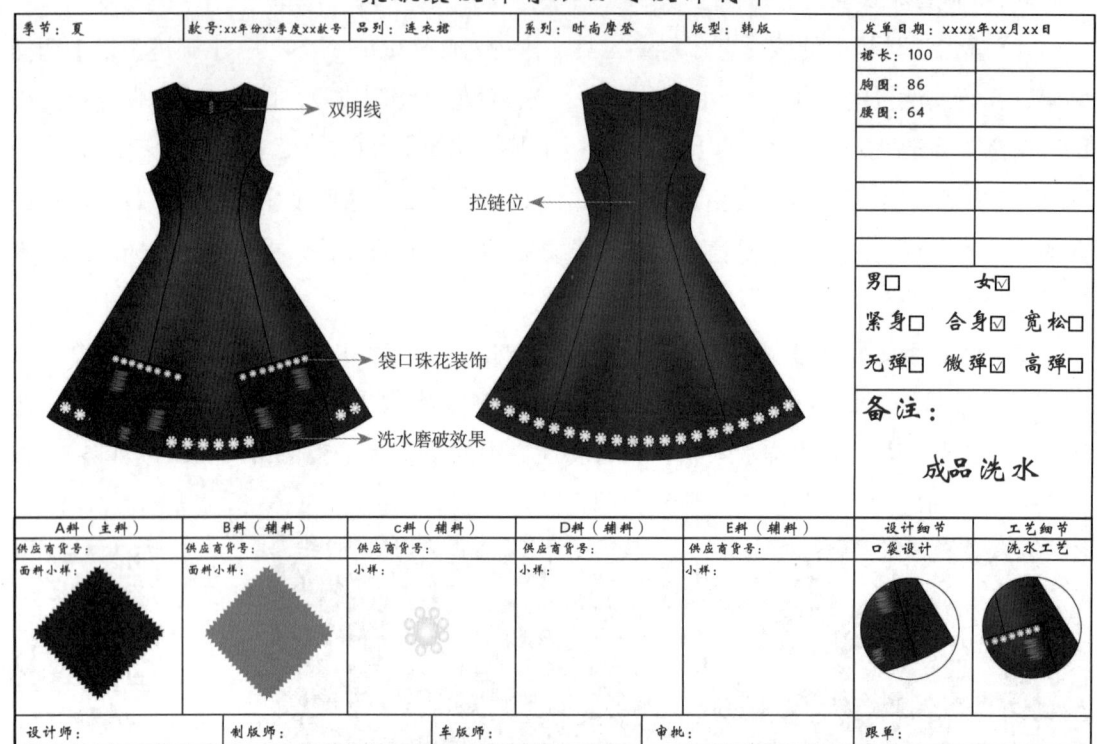

图 5-3-22

◎ **巩固训练**

图 5-3-22 是设计师用 CorelDRAW 软件设计表现的牛仔连衣裙正背面效果图及设计版单，根据本任务所学的技能，请用 CorelDRAW 软件设计并拓展出的牛仔裙正背面款式图。

要求：

（1）款式细节表达清楚、结构准确；

（2）能清楚地表现配件的立体质感；

（3）能熟练掌握线条粗细、类型和明线的绘制方法；

（4）绘制完成后，分别存储".EPS"和".JPG"两种格式的文件。

◎ **学习评价**

牛仔连衣裙款式设计评价表

评分项目	评分要点	分值	自评	互评	师评	第三方评价	备注
线稿绘制	正背面款式图，线条清晰流畅，粗细恰当，层次清楚	30					
款式比例	比例美观协调，符合形式美法则	30					

续表

评分项目	评分要点	分值	自评	互评	师评	第三方评价	备注
配件绘制	拉链与珠花的绘制效果吻合度高	5					
整体效果	结构准确、效果完整	30					
软件应用能力	图形与图像处理软件结合使用，绘图表现能力强	5					
合计		100					

任务四　牛仔衬衫的绘制

一、任务导入

绘制牛仔衬衫，完成最终效果图，如图5-4-1所示。

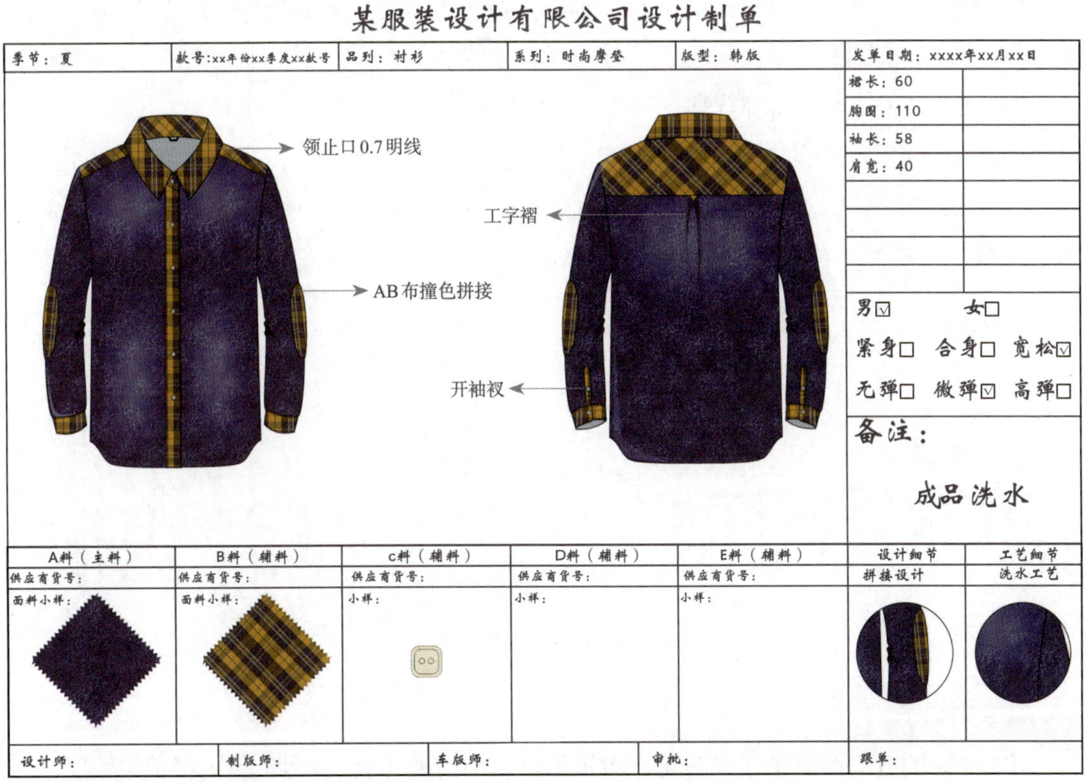

图5-4-1　牛仔衬衫设计制单效果图

二、任务要求

（1）熟练使用CorelDRAW X4软件绘制牛仔衬衫。

（2）熟练使用CorelDRAW X4软件表现牛仔面料肌理，并绘制钉钮及明暗关系等。

三、任务实施

牛仔衬衫的绘制步骤

1. 绘制辅助线

打开 CorelDRAW X4 软件，执行菜单栏中的【文件】→【新建】命令，或者使用【ctrl】+【N】组合快捷键，新建一个空白页，设定纸张"A4"大小。将鼠标移动到标尺拉出横向辅助线和纵向辅助线（纵向辅助线是牛仔衬衫的中轴线，横向辅助线是腰节线），如图5-4-2所示。

2. 绘制衣身

单击工具箱中的 【矩形工具】，绘制一个矩形。单击工具箱中的 【形状工具】，在矩形上单击鼠标右键，在弹出的任务栏中选 "转化为曲线"，把矩形转换为曲线，并选中相应的节点和线段，调整对象形状，完成衬衫左半边图形，如图5-4-3所示。

3. 绘制领子

（1）按步骤2的方法绘制左边领子；单击工具箱中的 【贝塞尔工具】绘制领座、领子车缝线，执行属性栏中的 【线条样式】设置成虚线，执行属性栏中的 【轮廓宽度】设置线条比轮廓线细，完成车缝线效果。

（2）单击工具箱中的 【挑选工具】，框选已完成的左边前片，执行"复制粘贴"后，执行属性栏中的 【水平镜像】水平移动至右边，单击工具箱中的 【形状工具】，调整右边形状，完成衬衫右边；按步骤2的方法绘制领子及门襟，如图5-4-4所示。

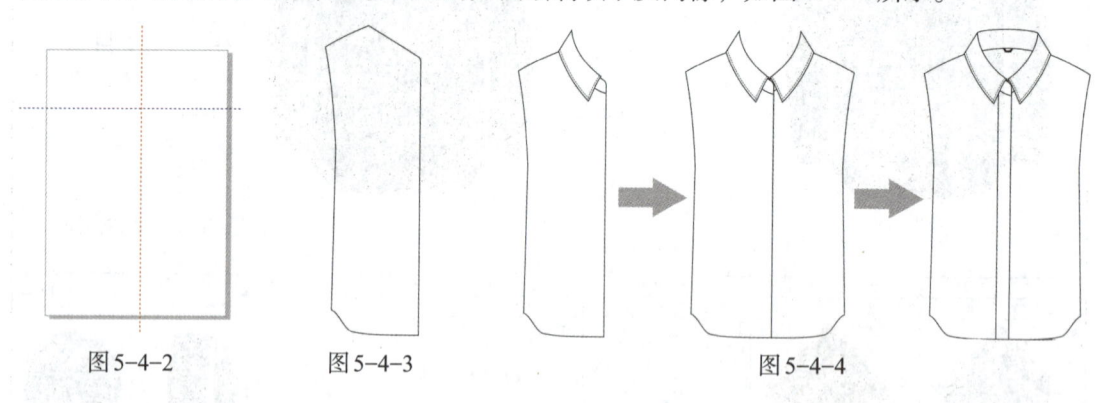

图5-4-2　　图5-4-3　　图5-4-4

4. 绘制袖子

按步骤2的方法绘制袖子及过肩，单击工具箱中的 【挑选工具】，选择袖克夫，使用"复制粘贴"，鼠标拖动偏移，按上一步骤方法绘制车缝线。单击工具箱中的 【椭圆形工具】绘制椭圆形，调整大小形状，放置于袖肘处做拼贴。按步骤3（2）的方法绘制右边袖子，如图5-4-5所示。

5. 绘制车缝线

单击工具箱中的 【贝塞尔工具】绘制底摆、过肩和门襟的车缝线，执行属性栏中的

┄┄┄【线条样式】设置成虚线，执行属性栏中的 0.2mm 【轮廓宽度】，设置线条比轮廓线细，完成车缝线效果，如图5-4-6所示。

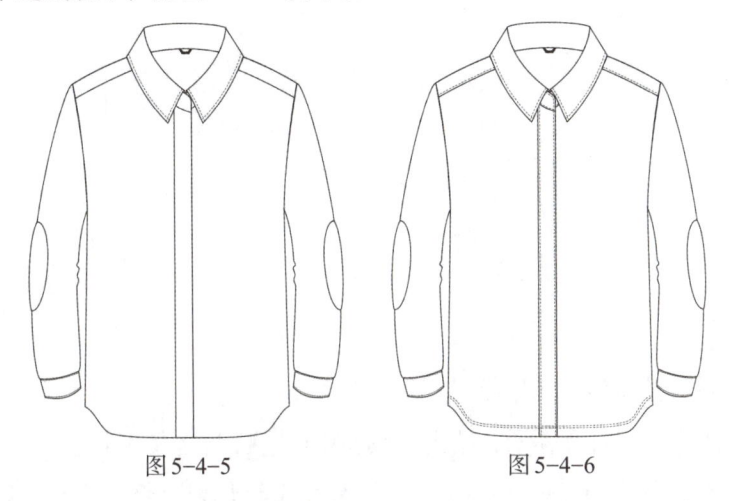

图5-4-5　　　　图5-4-6

6. 绘制纽扣

（1）单击工具箱中的 ▢【矩形工具】，执行属性栏中的 1.0mm【圆角】，配合【Ctrl】键绘制一个正方形，选择正方形，执行"复制粘贴"缩小，单击工具箱中的 ○【椭圆形工具】，配合【Ctrl】键绘制一个圆形，执行"复制粘贴"，移动完成纽扣。单击工具箱中的【智能填充工具】填充（C:0　M:0　Y:12　K:1）浅黄色，单击工具栏中的【交互式填充工具】，执行属性栏中 ■【渐变】中的 ▢【矩形渐变】填充，单击右键，在弹出的任务栏中选择"群组"完成，如图5-4-7所示。

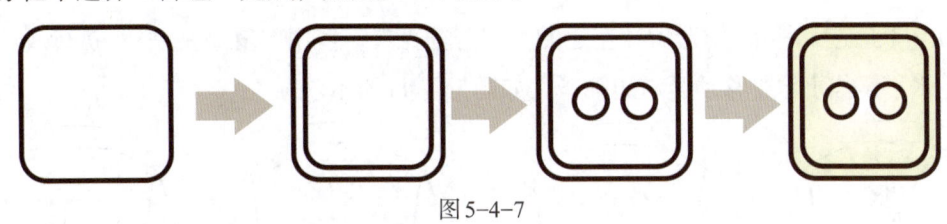

图5-4-7

（2）单击工具箱中的 ▸【挑选工具】选中纽扣，调整大小，放置于第一颗扣眼位置，执行"复制粘贴"移动至最后一颗扣眼位置，单击工具箱中的【交互式调和工具】单击纽扣，拖动至另一颗纽扣进行调和，执行属性栏的 4 【调和对象】，更改步长间距为"4"，单击工具箱中的 ▸【挑选工具】，框选全部纽扣，单击鼠标右键，在弹出的任务栏中选择"群组"，如图5-4-8所示。

7. 绘制衬衫后片

单击工具箱中的 ▸【挑选工具】框选前片，执行"复制粘贴"水平移动至右边，绘制后片，选择后片领子、分割线、过肩等进行"删除"，按照步骤2的方法调整线条，绘制后片外轮廓，如图5-4-9所示。

图 5-4-8　　　　　　　　　　图 5-4-9

8. 绘制衬衫后片分割线、工字褶

按步骤2方法绘制过肩及领子，单击工具箱中的【贝塞尔工具】画出后片的工字褶，选中工字褶执行快捷键【ctrl】+【shift】+【q】，将轮廓转化为对象，单击工具箱中的【形状工具】将线段末端的节点重叠完成工字褶。单击工具箱的【多边形工具】执行工具栏中的，将"边数"改为"3"，绘制三角形，填充（C:0　M:21　Y:82　K:6）黄色，鼠标右键单击"调色板"的【取消轮廓填充】放置工字褶位置，如图5-4-10所示。

9. 绘制衬衫后片袖克夫、开衩

按步骤2的方法绘制后片袖克夫与袖衩，填充白色，单击工具箱中的【椭圆形工具】，绘制袖口，单击鼠标右键，在弹出的任务栏中执行【顺序】→【到图层后面】。选择已绘制完成的纽扣，执行"复制粘贴"放置袖衩，按步骤3的方法绘制车缝线。单击工具箱中的【挑选工具】，框选后片左边的袖衩与袖克夫，使用"复制粘贴"，执行属性栏中的【水平镜像】水平移动至右边袖子，如图5-4-11所示。

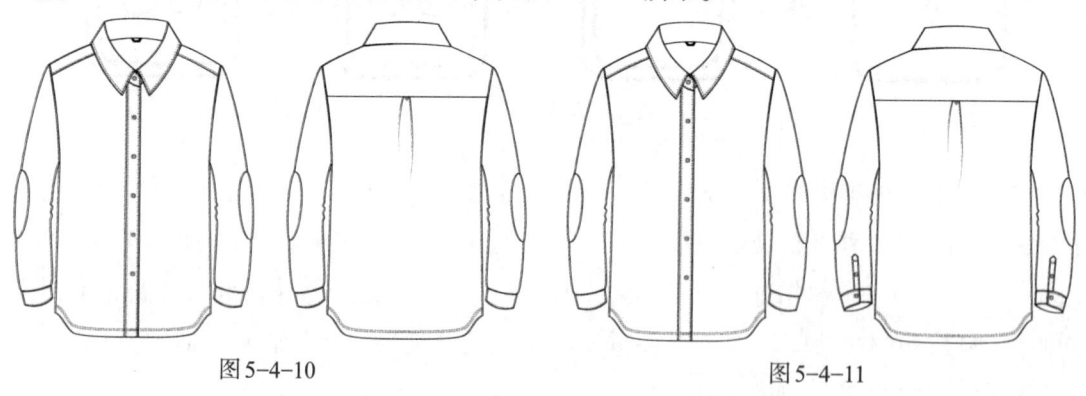

图 5-4-10　　　　　　　　　　图 5-4-11

10. 绘制牛仔面料

（1）单击工具箱中的【矩形工具】，配合使用【Ctrl】键绘制一个正方形，单击工具箱中的【智能填充工具】，执行属性栏中的【填充色】填充颜色（C:40　M:40　Y:0　K:60）为"蓝色"。按"牛仔鱼尾裙"章节中绘制牛仔面料的方法绘制牛仔面理纹理，线条颜色填充为（C:45　M:30　Y:0　K:30）完成牛仔肌理。

（2）单击工具箱中的 【挑选工具】，选择图中"面料B"放置在"面料A"上面，框选"面料C"，鼠标右击，在弹出的任务栏中选择"群组"，执行属性栏的【位图】→【转换为位图】，执行工具栏中的【位图】→【杂点】→【添加杂点】，如图5-4-12所示。

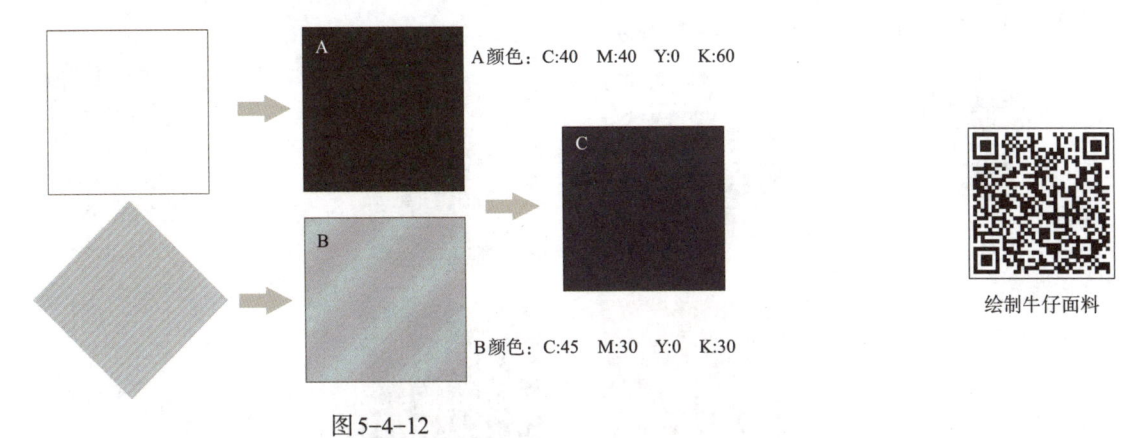

图 5-4-12

（3）单击工具箱中的 【挑选工具】，选择绘制完成的"面料C"，执行菜单栏中的【位图】→【底纹】→【折皱】，调整参数为"18"，颜色（C:27　M:12　Y:0　K:7）为蓝色，完成牛仔面料肌理，如图5-4-13所示。

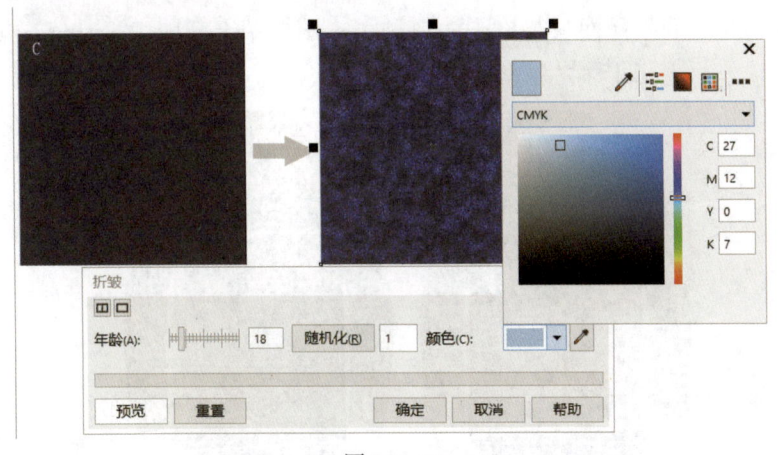

图 5-4-13

11. 绘制格子面料

（1）单击工具箱中的 【矩形工具】，绘制一个长方形，单击工具箱中的 【智能填充工具】，执行属性栏的 【填充色】，填充（C:29　M:29　Y:0　K:71）为"蓝色"，鼠标右键单击"调色板"的 【取消轮廓填充】。按照以上方法绘制，"黄色"参数为（C:0　M:22　Y:87　K:7），"白色"参数为（C:0　M:0　Y:0　K:0），完成绘制后如图5-4-14排列。

（2）单击工具箱中的 【挑选工具】，框选已绘制完成的一组条纹，执行"群组"后，单击工具箱中的 【透明度工具】，执行属性栏中的 【均匀透明度】，调整数值为"50"，执行"复制粘贴"排列，将排列完成的条纹执行"群组"后使用"复制粘贴"，执行属性栏

中的 【旋转角度】旋转"90°",完成"面料A",利用【矩形工具】绘制一个正方形,填充颜色为(C:0 M:22 Y:87 K:7)黄色,完成"面料B"。将绘制完成的"面料A"执行菜单栏中的【对象】→【图框精准裁剪】→【置于图文框内部】,放置在"面料B"中,完成格子"面料C",如图5-4-14所示。

透明度:50%

颜色

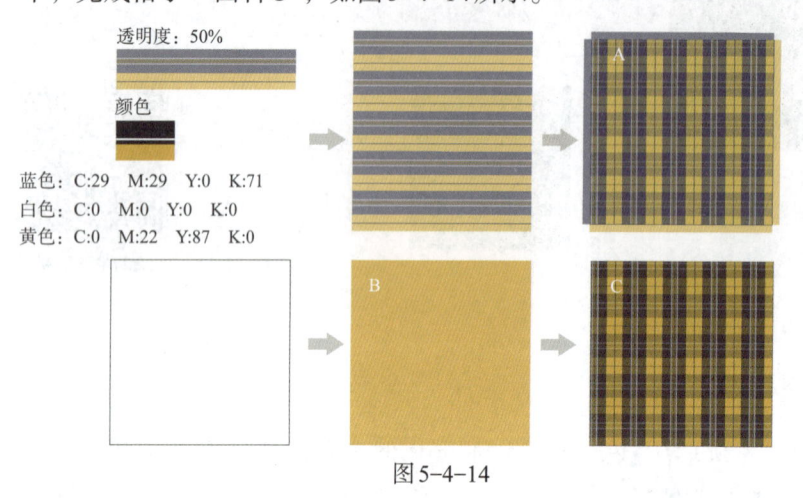

蓝色:C:29 M:29 Y:0 K:71
白色:C:0 M:0 Y:0 K:0
黄色:C:0 M:22 Y:87 K:0

绘制格子面料

图5-4-14

12.填充面料

(1)将绘制完成的牛仔面料与格子面料利用【图框精准裁剪】工具依次填充领子、过肩、袖克夫等,如图5-4-15所示。

图5-4-15

(2)单击工具箱中的【矩形工具】,绘制矩形,放置于领子透视部分,利用【智能填充工具】填充(C:15 M:7 Y:0 K:17)为"灰色"。单击工具箱中的【挑选工具】选中袖口,重复以上步骤填充灰色,如图5-4-16所示。

13.绘制洗水效果

单击工具箱中的【椭圆形工具】,绘制前片洗水形状,鼠标单击"调色板"的"白色"填充,右击调色板的【取消轮廓填充】,执行属性栏的【位图】→【转换为位图】,再次执行【位图】→【模糊】→【高斯式模糊】,半径数值可自由调整,单击工具箱中的【透明度工具】,执行属性栏中的【均匀透明度】,调整数值完成洗水效果,利用【图框精准裁剪】工具依次填充，调整相应位置，如图5-4-17所示。

图5-4-16

图5-4-17

14. 绘制明暗关系

单击工具箱中的 【贝塞尔工具】，绘制高光部分，填充"调色板"的"白色"，右键单击"调色板"的 【取消轮廓填充】；单击工具箱中的 【透明度工具】，执行属性栏中的 【均匀透明度】，调整数值完成高光。阴影部分重复一样的方法绘制，颜色填充为（C:22　M:22　Y:0　K:77）"深蓝色"，完成明暗关系，如图5-4-18所示。

图5-4-18

15. 绘制设计版单

按项目五任务一"设计单的绘制"步骤绘制牛仔衬衫的设计版单。单击菜单栏中 【保存】将绘制好的牛仔衬衫设计版单命名后保存，如图 5-4-19 所示。

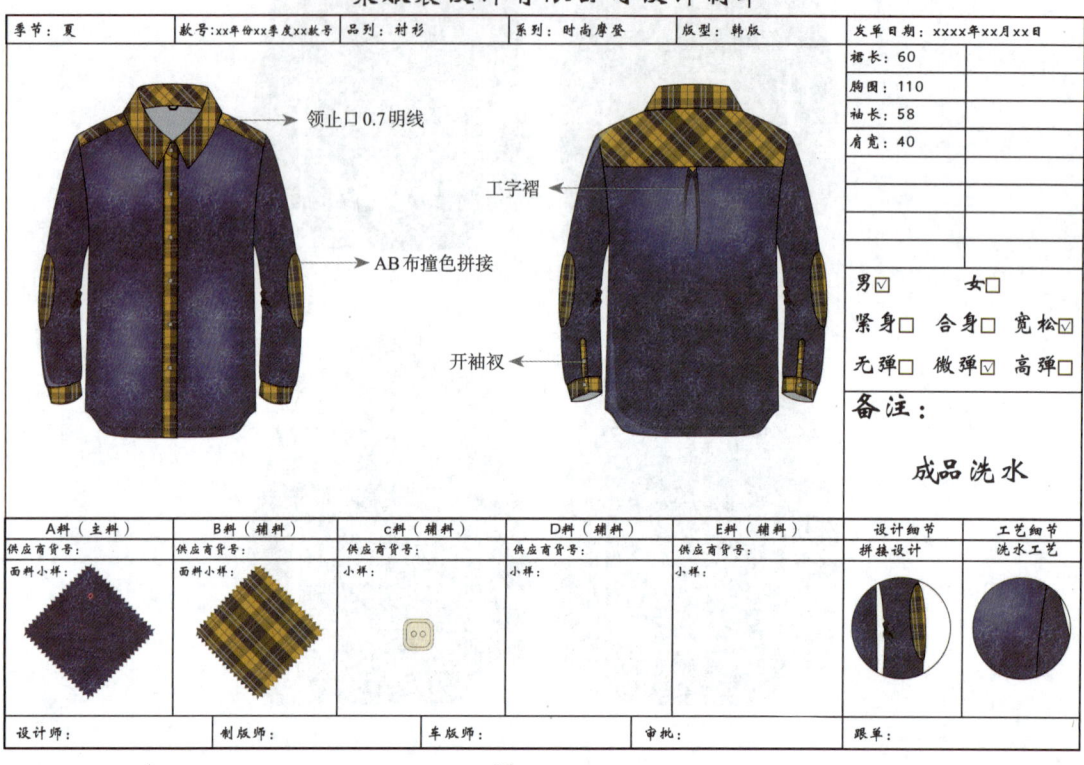

图 5-4-19

◎ **巩固训练**

图 5-4-19 是设计师用 CorelDRAW 软件设计表现的牛仔衬衫正背面效果图及设计版单，根据本任务所学的技能，请用 CorelDRAW 软件设计并拓展出牛仔衬衫正背面款式图。

要求：

（1）款式细节表达清楚、结构准确；

（2）能清楚地表现格子布料的质感；

（3）能熟练掌握线条粗细、类型和明线的绘制方法；

（4）绘制完成后，分别存储".EPS"和".JPG"两种格式的文件。

◎ **学习评价**

牛仔衬衫款式设计评价表

评分项目	评分要点	分值	自评	互评	师评	第三方评价	备注
线稿绘制	正背面款式图，线条清晰流畅，粗细恰当，层次清楚	30					

续表

评分项目	评分要点	分值	自评	互评	师评	第三方评价	备注
款式比例	比例美观协调，符合形式美法则	30					
配件绘制	格子布料的绘制效果吻合性	5					
整体效果	结构准确、效果完整	30					
软件应用能力	图形与图像处理软件结合使用，绘图表现能力强	5					
合计		100					

任务五　牛仔直筒裤的绘制

一、任务导入

完成牛仔直筒裤绘制，完成最终效果图，如图5-5-1所示。

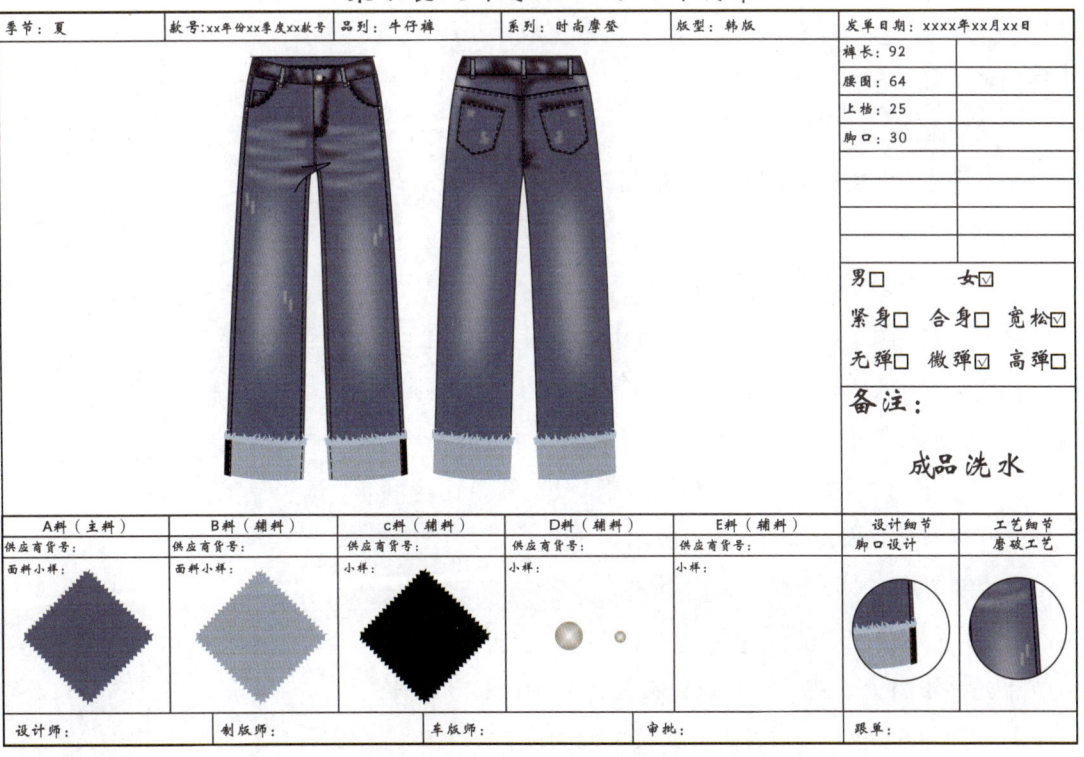

图5-5-1　牛仔直筒裤设计制单效果图

二、任务要求

（1）熟练使用CorelDRAW X4软件绘制牛仔直筒裤。

（2）熟练使用CorelDRAW X4软件表现牛仔面料肌理，并绘制钉钮及明暗关系等。

三、任务实施

牛仔直筒裤的绘制步骤

1. 绘制辅助线

打开CorelDRAW X4软件，执行菜单栏中的【文件】→【新建】命令，或者使用【Ctrl】+【N】组合快捷键，新建一个空白页，设定纸张"A4"大小。将鼠标移动到标尺拉出横向辅助线和纵向辅助线（纵向辅助线是牛仔直筒裤的中轴线，横向辅助线是腰节线），如图5-5-2所示。

2. 绘制腰头

单击工具箱中的【矩形工具】，绘制一个矩形。单击工具箱中的【形状工具】，在矩形上单击鼠标右键，在弹出的任务栏中选"转化为曲线"，把矩形转换为曲线，并选中相应的节点和线段，调整对象形状，完成裤子腰头左半边图形。如图5-5-3所示。

3. 绘制裤子

按步骤2的方法绘制裤子左边裤腿及翻折脚口，脚口填充"白色"，如图5-5-4所示。

4. 绘制月牙袋、分割线及车缝线

单击工具箱中的【贝塞尔工具】绘制月牙袋、侧缝线，选中绘制完成的分割线，使用"复制粘贴"鼠标移动偏移，执行属性栏中的【线条样式】设置成虚线，执行属性栏中的【轮廓宽度】，设置线条比轮廓线细完成车缝线效果，如图5-5-5所示。

5. 绘制前片

（1）单击工具箱中的【挑选工具】，框选已完成的左边前片，并使用"复制粘贴"后执行属性栏中的【水平镜像】，水平平移至牛仔裤右边，框选全部图形，单击鼠标右键，在弹出的任务栏中选择"群组"，单击工具箱中的【贝塞尔工具】，画出牛仔裤的裤裆褶皱部分，单击工具箱中的【挑选工具】，选择裤腿，单击工具箱中的【形状工

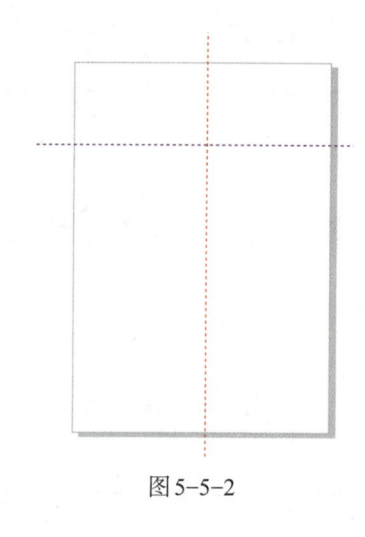

图5-5-2

图5-5-3

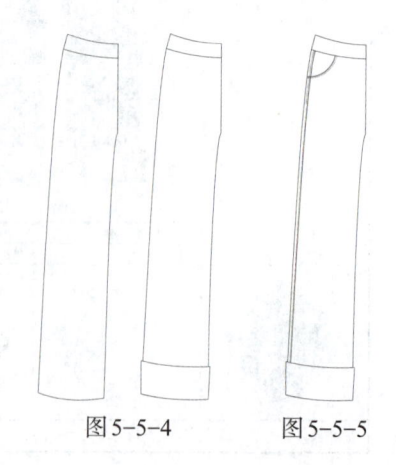

图5-5-4   图5-5-5

具】，鼠标双击"添加节点"调整裆部（参照细节图），如图5-5-6所示。

（2）按步骤2的方法，利用【矩形工具】绘制腰头透视。绘制裤脚翻折包边，填充为"黑色"，使用【水平镜像】水平平移至右边。单击工具箱中的【贝塞尔工具】绘制内侧线，如图5-5-7所示。

（3）绘制门襟车缝线：按步骤4的方法，使用工具箱中的【贝塞尔工具】，绘制门襟、脚口、内侧缝的车缝线，如图5-5-8所示。

6. 绘制耳仔及表袋

利用【矩形工具】绘制耳仔，按步骤4的方法绘制耳仔与车缝线后，执行"群组"，旋转合适的角度放置于腰头处。利用【矩形工具】绘制表袋，"转为曲线"，单击工具箱中的【形状工具】选择节点调整，绘制车缝线完成表袋，如图5-5-9所示。

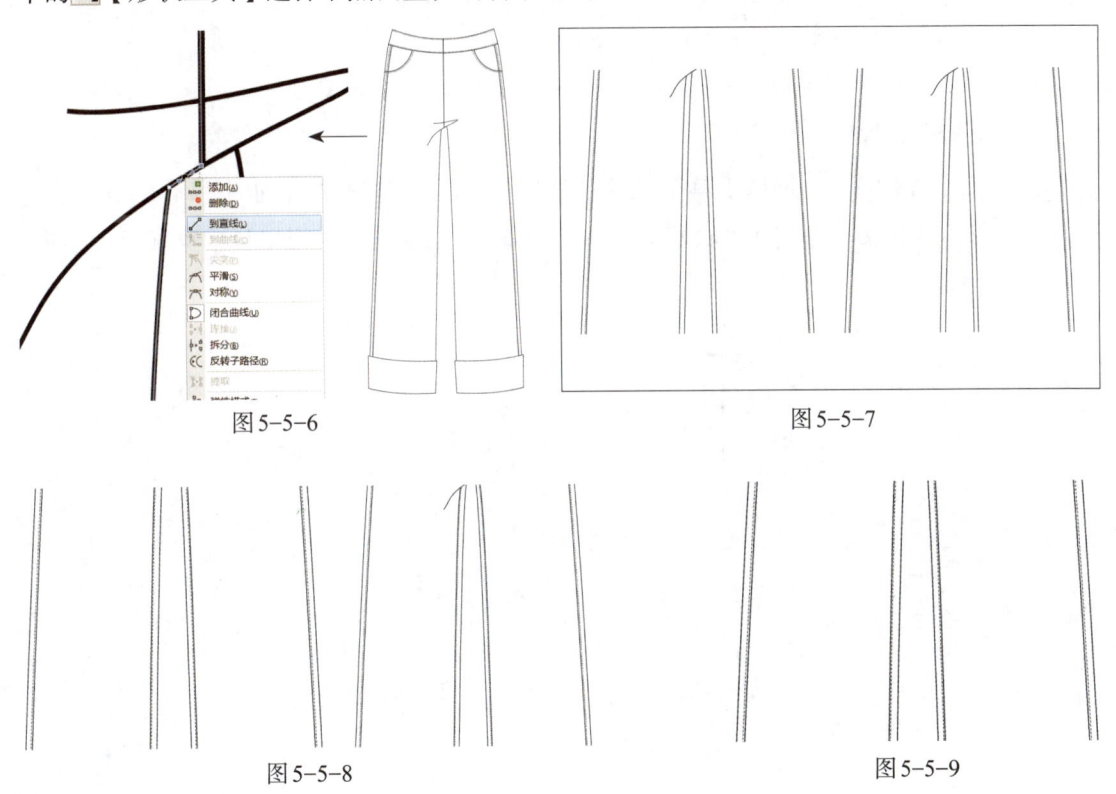

图5-5-6

图5-5-7

图5-5-8

图5-5-9

7. 绘制打枣

单击工具栏中的【贝塞尔工具】，执行属性栏中的 0.2mm 【轮廓宽度】加粗线条，单击工具箱中的【变形工具】，执行属性栏中的【拉链变形】纵向拉伸，在属性栏中调整变形工具的数值 ~25 ~25，数值可自由调整，将绘制完成的打枣放置于耳仔及门襟，如图5-5-10所示。

8. 绘制扣眼、纽扣、铆钉

单击工具箱中的【椭圆形工具】，配合使用【Ctrl】键绘制圆形，使用"复制粘贴"拖动置腰头，将圆形"转换化为曲线"，调整对象形状，完成扣眼。绘制圆形，单击工具箱

中的 【智能填充工具】填充浅灰色（C:0 M:0 Y:0 K:30），单击工具栏中的 【交互式填充工具】，执行属性栏中 【渐变】的 【矩形渐变】填充，单击右键，在弹出的任务栏中选择"群组"，拖动至腰头，完成纽扣。选中纽扣，调整大小，放置于口袋连接处，完成铆钉，如图5-5-11所示。

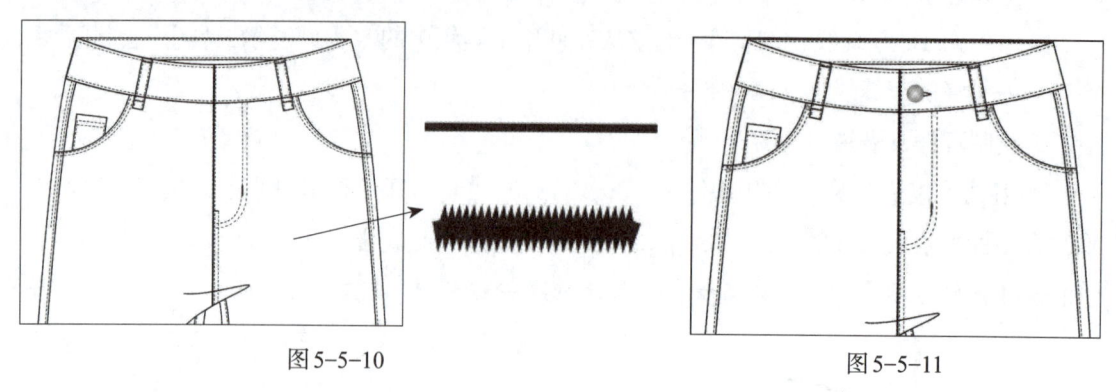

图 5-5-10

图 5-5-11

9. 绘制裤子后片

单击工具箱中的 【挑选工具】，框选前片，执行"复制粘贴"，水平移动至右边绘制后片，选择后片腰头、分割线、口袋等进行"删除"，利用 【矩形工具】绘制后片腰头，如图5-5-12所示。

图 5-5-12

10. 绘制裤子后片分割线、车缝线

按照步骤5（1）的方法调整后片裤裆，单击工具箱中的 【挑选工具】，选择耳仔，使用"复制粘贴"旋转角度"0"，放置于后片腰头处，利用 【贝塞尔工具】绘制后片分割线，按步骤4的方法绘制腰头、分割线、裤裆的车缝线，如图5-5-13所示。

11.绘制后贴袋

利用 ▢【矩形工具】绘制口袋,按步骤4的方法绘制口袋车缝线,选择已绘制完成的"打枣",使用"复制粘贴"调整大小,放置于袋口处,使用 ▸【挑选工具】框选绘制完成的后贴袋,"旋转角度"放置于后片,使用【水平镜像】水平移至右边后贴袋处,如图5-5-14所示。

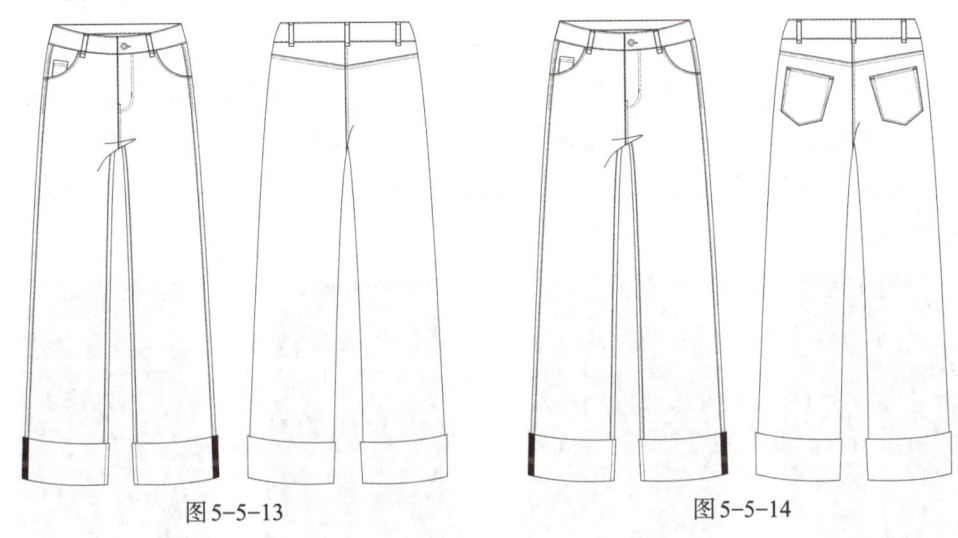

图 5-5-13

图 5-5-14

12.绘制牛仔面料

单击工具箱中的 ▢【矩形工具】,绘制一个长方形,单击工具箱中的 【智能填充工具】,执行属性栏中的 ▬▾【填充色】,填充颜色为"蓝色"(C:28 M:18 Y:0 K:23),执行菜单栏中的【位图】→【转换为位图】→【创造性】→【织物】样式为"刺绣",调整参数为【大小"8"完成"100"亮度"15"旋转"198"】完成"面料A",用同样的方法绘制"面料B",颜色参数为(C:15 M:9 Y:0 K:17);【织物】参数为【大小"15"完成"100"亮度"55"旋转"198"】,如图5-5-15所示。

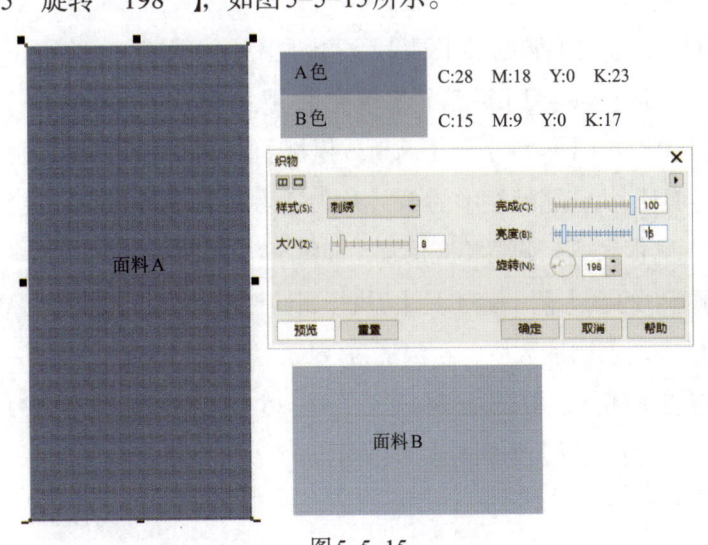

A色　C:28　M:18　Y:0　K:23
B色　C:15　M:9　Y:0　K:17

绘制牛仔面料

面料 A

面料 B

图 5-5-15

13. 填充面料

将绘制完成的牛仔"面料A"与"面料B"利用【图框精准裁剪】工具依次填充，耳仔使用【智能填充工具】填充为"浅蓝色"（C:28　M:18　Y:0　K:23），如图5-5-16所示。

14. 绘制脚口散边效果

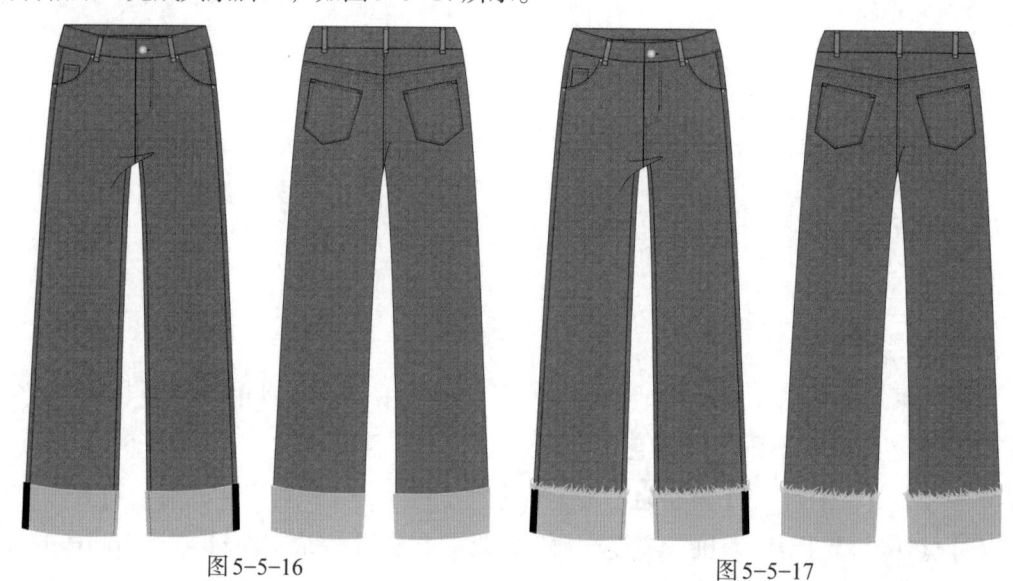

单击工具箱中的【艺术笔工具】，执行属性栏中的【画笔预设】选择画笔，【笔触宽度】调整数值，快捷键【F12】弹出对话框，选择【艺术笔工具】，弹出"轮廓笔"对话框，执行【颜色】，选择颜色为（C:17　M:9　Y:0　K:8）填充"艺术笔"，在脚口处随意画出猫须散边效果，完成一边效果执行"群组"，使用【水平镜像】执行"复制粘贴"完成其余脚口，如图5-5-17所示。

图5-5-16　　　　　　　　　　　图5-5-17

15. 绘制洗水效果

（1）单击工具箱中的【椭圆形工具】，绘制前片洗水形状，鼠标单击"调色板"的"白色"填充，右击调色板的【取消轮廓填充】，执行菜单栏的【位图】→【转换为位图】，再次执行【位图】→【模糊】→【高斯式模糊】，半径数值可自由调整，单击工具箱中的【透明度工具】，执行属性栏中的【均匀透明度】，调整数值完成洗水效果，利用【图框精准裁剪】工具依次填充调整相应位置，如图5-5-18所示。

（2）单击工具箱中的【艺术笔工具】，执行属性栏中的【画笔预设】选择画笔，【笔触宽度】调整数值，绘制洗白区域，填充"白色"，按上一步骤的方法制作洗水效果。绘制阴影部分，填充为"深蓝色"（C:36　M:33　Y:0　K:53）后，按上一步骤方法制作阴影部分洗水效果，如图5-5-19所示。

绘制洗水效果

图 5-5-18

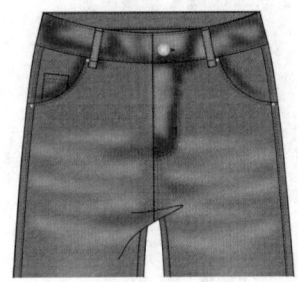

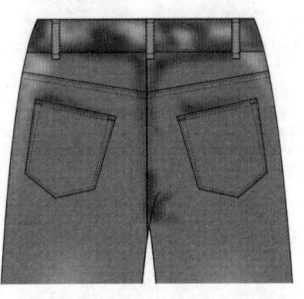

图 5-5-19

16. 绘制磨破效果

按项目五任务三"绘制牛仔连衣裙"中"绘制磨破效果"的步骤绘制一组磨破效果进行排列，如图 5-5-20 所示。

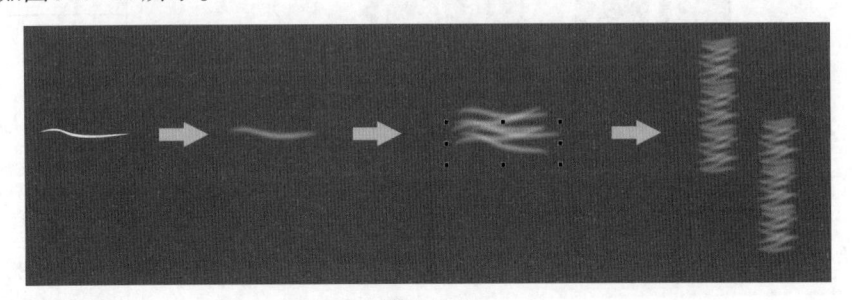

图 5-5-20

17. 放置磨破效果

单击工具箱中的 【挑选工具】，框选"洗水磨破效果"在前片进行排列，完成前片的磨破洗水效果。使用"复制粘贴"进行组合，在左边口袋进行缩小旋转排列，单击工具箱中的 【挑选工具】框选左边口袋的"洗水磨破效果"，执行属性栏中的 【水平镜像】完成口袋，如图 5-5-21 所示。

171

18. 绘制设计版单

按项目五任务一"设计单的绘制"步骤绘制牛仔直筒裤的设计版单。单击菜单栏中 🖫【保存】将绘制好的牛仔直筒裤设计版单命名后保存，如图5-5-22所示。

图 5-5-21

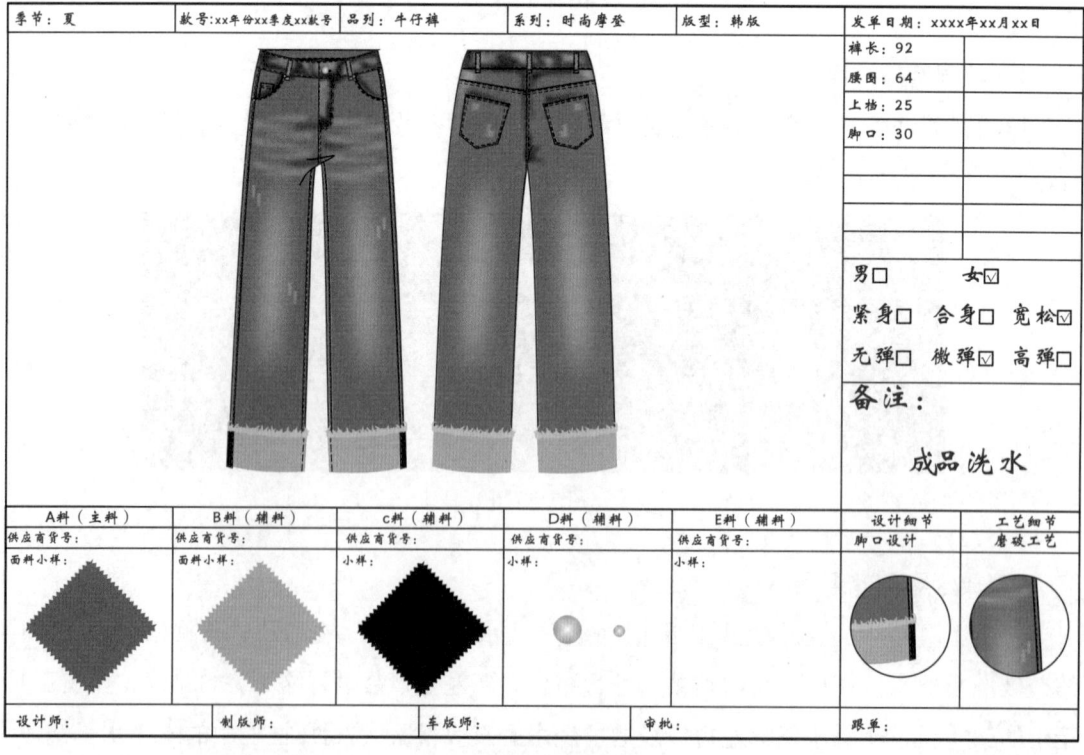

图 5-5-22

◎ 巩固训练

图5-5-22是设计师用CorelDRAW X4软件设计表现的牛仔直筒裤正背面效果图及设计版单，根据本任务所学的技能，请用CorelDRAW X4软件设计并拓展出牛仔直筒裤正背面款式图。

要求：

（1）款式细节表达清楚、结构准确；

（2）能清楚地表现金属配件的质感；

（3）能熟练掌握线条粗细、类型和明线的绘制方法；

（4）绘制完成后，分别存储".EPS"和".JPG"两种格式的文件。

◎ 学习评价

牛仔裤款式设计评价表

评分项目	评分要点	分值	自评	互评	师评	第三方评价	备注
线稿绘制	正背面款式图，线条清晰流畅，粗细恰当，层次清楚	30					
款式比例	比例美观协调，符合形式美法则	30					
配件绘制	金属的绘制效果吻合度高	5					
整体效果	结构准确、效果完整	30					
软件应用能力	图形与图像处理软件结合使用，绘图表现能力强	5					
合计		100					

参考文献

[1] 贺景卫,胡莉虹,黄莹,等.数码服装设计与表现技法——CorelDRAW[M].北京:高等教育出版社,2016.

[2] 张记光,张纪文,等.服装设计经典实例教程[M].北京:中国纺织出版社,2009.